Die Universität der Bundeswehr München als Impulsgeber für die Region

Axel Schaffer · Dirk Fornahl
Claudia Düvelmeyer

Die Universität der Bundeswehr München als Impulsgeber für die Region

Axel Schaffer
Neubiberg, Deutschland

Claudia Düvelmeyer
Neubiberg, Deutschland

Dirk Fornahl
Bremen, Deutschland

ISBN 978-3-658-20042-8 ISBN 978-3-658-20043-5 (eBook)
https://doi.org/10.1007/978-3-658-20043-5

Die Deutsche Nationalbibliothek verzeichnet diese Publikation in der Deutschen Nationalbibliografie; detaillierte bibliografische Daten sind im Internet über http://dnb.d-nb.de abrufbar.

Springer Gabler
© Springer Fachmedien Wiesbaden GmbH 2018
Das Werk einschließlich aller seiner Teile ist urheberrechtlich geschützt. Jede Verwertung, die nicht ausdrücklich vom Urheberrechtsgesetz zugelassen ist, bedarf der vorherigen Zustimmung des Verlags. Das gilt insbesondere für Vervielfältigungen, Bearbeitungen, Übersetzungen, Mikroverfilmungen und die Einspeicherung und Verarbeitung in elektronischen Systemen.
Die Wiedergabe von Gebrauchsnamen, Handelsnamen, Warenbezeichnungen usw. in diesem Werk berechtigt auch ohne besondere Kennzeichnung nicht zu der Annahme, dass solche Namen im Sinne der Warenzeichen- und Markenschutz-Gesetzgebung als frei zu betrachten wären und daher von jedermann benutzt werden dürften.
Der Verlag, die Autoren und die Herausgeber gehen davon aus, dass die Angaben und Informationen in diesem Werk zum Zeitpunkt der Veröffentlichung vollständig und korrekt sind. Weder der Verlag noch die Autoren oder die Herausgeber übernehmen, ausdrücklich oder implizit, Gewähr für den Inhalt des Werkes, etwaige Fehler oder Äußerungen. Der Verlag bleibt im Hinblick auf geografische Zuordnungen und Gebietsbezeichnungen in veröffentlichten Karten und Institutionsadressen neutral.

Gedruckt auf säurefreiem und chlorfrei gebleichtem Papier

Springer Gabler ist Teil von Springer Nature
Die eingetragene Gesellschaft ist Springer Fachmedien Wiesbaden GmbH
Die Anschrift der Gesellschaft ist: Abraham-Lincoln-Str. 46, 65189 Wiesbaden, Germany

Geleitwort des Ersten Bürgermeisters der Gemeinde Neubiberg

Die Universität der Bundeswehr München ist für Neubiberg als Sitzgemeinde ein überaus wichtiger Partner. Nicht nur die Geschichte der Universität und der Gemeinde Neubiberg sind eng miteinander verknüpft, sondern ebenso die wechselseitige Beziehung in den Bereichen Lehre, Weiterbildung, Forschung, Innovation und Kultur. Die Studierenden können aus rund 30 Bachelor- und Masterstudiengängen wählen. Das Angebot reicht von Ingenieurswissenschaften bis hin zu Wirtschafts- und Sozialwissenschaften. Zudem gibt es ein breites Spektrum an berufsbegleitenden Studiengängen.

Auch im Bereich Forschung ist die Universität exzellent aufgestellt. Neben dem Cyber-Forschungsinstitut „CODE", wird auch die Zentrale Stelle für Informationstechnik im Sicherheitsbereich – ZITIS – ihren Sitz in Neubiberg erhalten. Zusammen mit den entsprechend neuen Studiengängen entsteht in den kommenden Jahren ein Cluster zur Bekämpfung von Cyberkriminalität.

Doch nicht nur im wissenschaftlich-technologischen Bereich stellt die Universität eine Bereicherung für die Gemeinde dar. Auch in gesellschaftlicher und kultureller Hinsicht ist sie eine bedeutende Impulsgeberin für alle umgebenden Gemeinden. Während ihrer vierjährigen Studienzeit sind die Studierenden in das Gemeindeleben integriert und stärken mit ihrem bürgerschaftlichen Engagement die Gemeinschaft.

Die herausragenden Leistungen der Universität der Bundeswehr München verknüpfen sich in hohem Maße mit dem Standort Neubiberg, was unsere Gemeinde insbesondere durch den Titel „Universitätsgemeinde" zum Ausdruck bringt. Gemeinsame Projekte, Wissenstransfer, Benefizveranstaltungen sowie die Zusammenarbeit bei infrastrukturellen Zukunftsthemen auf Augenhöhe erzeugen eine hohe gegenseitige Anerkennung und Wertschätzung. Im Sinne der Förderung von Lebensqualität freue mich deshalb auf die Fortführung unserer guten Zusammenarbeit.

Günter Heyland

Geleitwort der Präsidentin der Universität

Die Universität der Bundeswehr München versteht sich als attraktiver Standort für Forschung und Lehre, national wie international gut sichtbar und vernetzt, um den Studierenden, Lehrenden und Forschenden exzellente Rahmenbedingungen zu bieten.

In Zeiten der Globalisierung ist eine solche Internationalisierung der deutschen Hochschullandschaft gleichermaßen wünschenswert wie unaufhaltsam. Die Universität der Bundeswehr München ist hier hervorragend aufgestellt. Doch ohne ihre Verwurzelung in der Region München, in der unser Neubiberger Campus liegt, wäre unsere Universität in ihrer jetzigen Form undenkbar. Zahlreiche wichtige Forschungsprojekte und Industriekooperationen sind nur möglich, da sich die Situation vor Ort für unsere Ziele so außergewöhnlich gut darstellt. Daher ist unserer Universität auch sehr an einem gedeihlichen Miteinander mit den umliegenden Gemeinden auf allen relevanten Ebenen gelegen.

Die vorliegende Studie, entstanden im Rahmen einer Kooperation unserer Universität mit der Universität Bremen, kann aus wirtschaftswissenschaftlicher Perspektive eindrucksvoll zeigen, dass die Universität der Bundeswehr München in dreifacher Hinsicht als bedeutende Impulsgeberin für die Europäische Metropolregion München fungiert: für die regionale Wirtschaft, Forschung und Kultur. Das Buch liefert somit einen weiteren Beleg für das gezielte Engagement der Universität der Bundeswehr München in diesem Feld, von dem wir alle in erheblichem Maße profitieren.

Prof. Dr. Merith Niehuss

Inhaltsverzeichnis

Abbildungsverzeichnis — xi

Tabellenverzeichnis — xiii

1 Motivation — 1

2 UniBw M und die Region auf einen Blick — 3
- 2.1 Einführung — 3
- 2.2 Fakten & Zahlen zur UniBw M — 3
  - 2.2.1 Studium und Weiterbildung an der UniBw M — 4
  - 2.2.2 Forschung und Innovation an der UniBw M — 7
  - 2.2.3 Mitarbeiter und Infrastruktur der UniBw M — 10
- 2.3 Regionale Umgebung — 13
  - 2.3.1 Lokale Nachbarschaft – Die umliegenden Gemeinden — 13
  - 2.3.2 Die Europäische Metropolregion München (EMM) — 17
- 2.4 Fazit — 18

3 UniBw M als regionalökonomischer Impulsgeber — 21
- 3.1 Methodisches Vorgehen — 22
- 3.2 Ergebnisse — 24
  - 3.2.1 Input-Output Tabelle für die Europäische Metropolregion München (EMM) — 24
  - 3.2.2 Direkte Impulse für die Europäische Metropolregion München(EMM) — 28
  - 3.2.3 Indirekte Auswirkungen für die Europäische Metropolregion München (EMM) — 35
  - 3.2.4 Beschäftigungswirkungen für die Europäische Metropolregion München (EMM) — 37
  - 3.2.5 Konjunkturelle Impulse für die umliegenden Gemeinden Neubiberg, Ottobrunn und Unterhaching — 37
- 3.3 Fazit — 40

4 UniBw M als regionaler Impulsgeber in der Forschung — 43
- 4.1 Methodisches Vorgehen — 44
- 4.2 Ergebnisse — 45
  - 4.2.1 Verteilung der nationalen Fördermittelflüsse in der Region — 45
  - 4.2.2 Zentrale Projekte und technologische Schwerpunkte — 48
  - 4.2.3 Kooperationspartner und deren regionale Verteilung — 51
- 4.3 Fazit — 56

5		**Soziokulturelle Impulse und regionale Wahrnehmung der UniBw M**	**59**
	5.1	Die UniBw M als soziokultureller Impulsgeber für die Region	59
		5.1.1 Methodik	59
		5.1.2 Angebote der Universität	60
		5.1.3 Engagement der Studierenden	65
	5.2	Die UniBw M als Teil der Gemeinde Neubiberg	68
	5.3	Die UniBw M in der Wahrnehmung der Bevölkerung	72
	5.4	Fazit	76
6		**Die Bedeutung der Region für die UniBw M**	**79**
7		**Perspektiven, Highlights und Handlungsempfehlungen**	**83**
	7.1	Perspektiven	83
	7.2	Game Changer Cyber Security?	85
	7.3	Highlights	93
	7.4	Handlungsempfehlungen	95
8		**Anhang**	**101**
	8.1	Berechnung produktions- und nachfrageseitiger direkter und indirekter Effekte	101
	8.2	Erstellung einer regionalen Input-Output-Tabelle für die EMM	103
	8.3	Zusätzliche Abbildungen	106
9		**Literaturverzeichnis**	**107**

Abbildungsverzeichnis

Abbildung 2.1	Angebotene Studiengänge und Studierendenzahl	6
Abbildung 2.2	Publikationen mit Beteiligung von Wissenschaftlern der UniBw M	8
Abbildung 2.3	Struktur der Drittmittelgeber	8
Abbildung 2.4	Entwicklung der Promotionen (nach Fakultäten)	9
Abbildung 2.5	Entwicklung der Beschäftigten	10
Abbildung 2.6	Geschlechteranteile unter den Beschäftigten	11
Abbildung 2.7	Energie- und Wasserverbrauch der UniBw M (2006-2014)	12
Abbildung 2.8	Heizwärmeverbrauch der UniBw M nach Quartalen (I/2006-I/2015)	13
Abbildung 2.9	Lokale Nachbarschaft der UniBw M	14
Abbildung 2.10	Räumliche Abgrenzung der Europäischen Metropolregion München (EMM)	17
Abbildung 3.1	Volumen und Struktur der gesamten (äußerer Kreis) und regional wirksamen (innerer Kreis) Investitionen der UniBw M, Beschriftungen in Millionen Euro	29
Abbildung 3.2	Volumen und Struktur der gesamten (äußerer Kreis) und regional wirksamen (innerer Kreis) Sach- und Betriebsmittel der UniBw M, Beschriftungen in Millionen Euro	30
Abbildung 3.3	Volumen und Struktur der gesamten (äußerer Kreis) und regional wirksamen (innerer Kreis) Kaufkraft der Beschäftigten der UniBw M, Beschriftungen in Millionen Euro	32
Abbildung 3.4	Volumen und Struktur der gesamten (äußerer Kreis) und regional wirksamen (innerer Kreis) Kaufkraft der Studierenden der UniBw M, Beschriftungen in Millionen	34
Abbildung 3.5	Regional wirksame direkte und indirekte Effekte in Millionen Euro	35
Abbildung 3.6	Regional wirksame direkte und indirekte Effekte nach Produktionsbereichen (in Millionen Euro)	36
Abbildung 3.7	Regionalökonomische Effekte durch die UniBw M (Millionen Euro)	40
Abbildung 4.1	Entwicklung der Fördermittel an der UniBw M in Millionen Euro	46

Abbildung 4.2	Fördermittelflüsse in die Gemeinde Neubiberg (ohne die UniBw M und nach Ottobrunn (in Millionen Euro)	47
Abbildung 4.3	Anteil der Fördermittel an den gesamten regionalen Fördermitteln	47
Abbildung 4.4	Geographische Verteilung der Kooperationspartner der UniBw M	52
Abbildung 5.1	Ortseingangsschild von Neubiberg	69
Abbildung 5.2	Gründe für den Besuch des Universitätsgeländes (Mehrfachnennungen möglich)	73
Abbildung 5.3	Wesentliche Hindernisse für den Besuch des Universitätsgeländes	73
Abbildung 5.4	Bedeutung der UniBw M für die Region insgesamt	76
Abbildung A1	Campus-Übersicht	106
Abbildung A2	Volumen und Struktur der gesamten (äußerer Kreis) und regional wirksamen (innerer Kreis) Kaufkraft der Studierenden der UniBw M, Beschriftungen in Millionen Euro, Mindestkaufkraft	106

Tabellenverzeichnis

Tabelle 3.1	Input-Output-Tabelle der EMM 2014 in aggregierter Form (regionale Verflechtung), Millionen Euro	26
Tabelle 3.2	Konjunkturelle Impulse für die Gemeinden Neubiberg, Ottobrunn und Unterhaching (in Millionen Euro)	39
Tabelle 4.1	Top Ten Liste der Empfänger von Fördermitteln aus den Gemeinden Neubiberg, Ottobrunn und Unterhaching (in Millionen Euro)	48
Tabelle 4.2	Top Ten Liste der Projekte mit den höchsten Fördermittelsummen an der UniBw M	49
Tabelle 4.3	Verteilung der Fördermittelflüsse auf technologische Kategorien der Leistungsplansystematik (LPS) an der UniBw M	50
Tabelle 4.4	Verteilung der Kooperationspartner der UniBw M innerhalb Bayerns	53
Tabelle 4.5	Lokale Verteilung der Kooperationspartner der UniBw M	54
Tabelle 4.6	Top Ten Liste der Kooperationspartner der UniBw M aus der Metropolregion München	54
Tabelle 4.7	Top Ten Liste der Kooperationspartner der UniBw M insgesamt (nach Anzahl der Projekte)	55
Tabelle 4.8	Anzahl der Projektpartner der UniBw M in Bayern nach technologischem Feld	56
Tabelle 5.1	Meist genannte Assoziationen zu Studierenden der UniBw M	75
Tabelle 7.1	Geplante Investitionsausgaben für den Aufbau des Bereiches Cyber Security	90

1 Motivation

„An investment in knowledge pays the best interest." Wie das Zitat von Benjamin Franklin zeigt, galten Investitionen in Wissen und Bildung schon im 18. Jahrhundert als besonders ertragreich. Franklin bezog sich dabei zuvorderst auf die individuelle Bildung, die er als Schlüssel für den finanziellen Erfolg ansah. Das Zitat ließe sich jedoch auf eine Ökonomie insgesamt und die Rendite aus öffentlichen Investitionen in Bildungs- und Forschungseinrichtungen übertragen.

Eine besondere Rolle nehmen dabei die Universitäten ein, die einerseits Wissen vermitteln und andererseits im Rahmen ihres Forschungsauftrages neues Wissen generieren. Sie tragen damit wesentlich zur Wettbewerbsfähigkeit einer Volkswirtschaft und letztlich zur Sicherung von Beschäftigung und Wohlstand bei.

Parallel zu diesen zwar unbestrittenen aber doch weitgehend abstrakten Auswirkungen gehen von den Universitäten auch konkrete und gut messbare regionale Impulse aus. Diese reichen von konjunktur- und beschäftigungswirksamen Effekten über kooperative Forschung mit regionalen Unternehmen und Gründungen junger Unternehmen in Nachbarschaft der Universität bis hin zu soziokulturellen Impulsen.

Die Bedeutung großer Universitäten ist in diesem Zusammenhang eingehend dokumentiert. Gleichzeitig gibt es bislang aber nur vereinzelte Analysen zur Bedeutung kleiner Universitäten. Die vorliegende Studie greift diesen Punkt auf und widmet sich der regionalen Bedeutung der südlich von München gelegenen Universität der Bundeswehr München (UniBw M) – mit etwa 2.700 Studenten und Studentinnen und 1.300 zivilen Mitarbeitern und Mitarbeiterinnen[1] eine der kleinsten bayerischen Universitäten.

Im Vergleich zu großen Forschungseinrichtungen fallen die regionalen Effekte erwartungsgemäß deutlich bescheidener aus. Jedoch sind sie mitnichten vernachlässigbar. Insbesondere sind alle Formen der oben genannten Impulse existent. Vieles spricht dafür, dass sich ähnliche Effekte auch für andere kleine Universitäten beobachten ließen, so dass die gesamten kleinen Universitäten ausgehenden Impulsen sehr beachtlich sein

---

[1] Aufgrund einer besseren Lesbarkeit wird im Folgenden auf die Nennung der weiblichen Form verzichtet. Ist von Studenten, Mitarbeitern, Wissenschaftlern oder Bürgern die Rede, inkludiert dies somit immer auch das weibliche Pendant.

dürften. In Zeiten zurückgehender Grundmittel und vor dem Hintergrund einzelner immer größerer und finanzstärkerer Forschungseinrichtungen, spricht dies für den Erhalt einer möglichst heterogenen, vielfältigen und unabhängigen Universitätslandschaft.

2 UniBw M und die Region auf einen Blick

2.1 Einführung

Die UniBw M ist eine vom Freistaat Bayern staatlich anerkannte und vom Bundesministerium der Verteidigung getragene Universität, die sieben universitäre Fakultäten und drei Fakultäten im Hochschulbereich für Angewandte Wissenschaften (HAW) auf einem Campus vereint. Neben der Ludwig-Maximilian-Universität und der Technischen Universität München, zählt sie zu den drei Universitäten Münchens, die zusammen mit mehr als 15 anderen Hochschulen und vielzähligen Forschungsinstituten die Region zu einem innovativen Wissenschafts- und Forschungsstandort in Deutschlands Süden werden lassen.

Tatsächlich liegt die UniBw M wenige Kilometer südlich der Münchner Stadtgrenze im umliegenden Landkreis München auf der Gemarkung der Gemeinden Neubiberg und Unterhaching, die im Folgenden zusammen mit der Gemeinde Ottobrunn als lokale Umgebung bzw. umliegende Region im engeren Sinne bezeichnet werden. In einigen Fällen erscheint diese räumliche Eingrenzung jedoch als zu eng, sodass alternativ die Europäische Metropolregion München (EMM) als Region im weiteren Sinne betrachtet wird. Beide Regionen werden in Abschnitt 2.3 kurz vorgestellt. Um die von der UniBw M ausgehenden regionalen Impulse besser einordnen zu können, erscheint es jedoch sinnvoll, zunächst die wichtigsten Merkmale der UniBw M kurz zu skizzieren (Kapitel 2.2).

2.2 Fakten & Zahlen zur UniBw M

Die UniBw M verfolgt, wie die meisten Universitäten, Ziele auf vier strategischen Handlungsebenen: Lehre, Weiterbildung, Forschung und Innovation. In der Lehre erwerben die Studierenden in rund 30 Bachelor- und Masterstudiengängen Kenntnisse und Fähigkeiten für ihre spätere Tätigkeit als Offiziere und anschließend in der freien Wirtschaft.[2]

---

[2] Nur etwa 20% der Absolventen wird tatsächlich Berufssoldat. Der Großteil verlässt die Bundeswehr nach 13 Jahren, um anschließend in der freien Wirtschaft zu arbeiten.

Mit dem kontinuierlichen Ausbau des Weiterbildungsinstitutes casc (campus advanced studies center) werden ergänzend zu den regulären Studiengängen berufsbegleitende Studiengänge angeboten, die einerseits Offizieren zum Ende ihrer Dienstzeit den Übergang in die zivile Berufswelt erleichtern und andererseits ein wichtiges Mosaik der beruflichen Weiterbildung innerhalb der Bundeswehr darstellen können.

Im Bereich der Forschung gliedert sich die UniBw M in zehn Fakultäten[3] (mit einem Schwerpunkt auf disziplinärer Forschung) und vier Forschungszentren in den Bereichen *Cyber Defence, Munich Integrated Research on Aerospace, Modern Vehicles* sowie *Risiko, Infrastruktur, Sicherheit und Konflikt*. Die Zentren bieten nicht nur den institutionellen Rahmen für eine kooperative (interdisziplinäre) Forschung zu den genannten Themen, sondern sie stellen darüber hinaus die strategische Basis für die Forschungsplanung der UniBw M dar.

Neben einer größeren Sichtbarkeit der Forschung verfolgt die UniBw M mit der Etablierung der Zentren nicht zuletzt das Ziel, Anknüpfungspunkte zu möglichen Anwendern aufzuzeigen und den Transfer von wissenschaftlichen Erkenntnissen in Wirtschaft und Gesellschaft zu fördern. Hierbei werden die Forschungszentren (und natürlich alle anderen Forscher auch) vom Innovationsmanagement der UniBw M begleitet, etwa bei rechtlichen und verfahrenstechnischen Fragen zu Gründungs- und Forschungsförderung oder Patentanmeldungen.

Im Folgenden werden einige Kennzahlen zu den genannten Handlungsebenen aufgezeigt. Diese Darstellung gewährt einen groben Überblick, der für den Zweck der vorliegenden Studie jedoch ausreicht. Eine deutlich umfassendere Darstellung findet sich im öffentlich zugänglichen Struktur- und Entwicklungsplan der Universität (UniBw M 2015).

2.2.1 Studium und Weiterbildung an der UniBw M

Wie bereits erwähnt, können die Studierenden der UniBw M aus rund 30 Studiengängen in den Bereichen Ingenieur-, Wirtschafts- sowie Geistes- und Sozialwissenschaften wäh-

---

[3] Zu sieben universitären Fakultäten (Bauingenieurwesen und Umweltwissenschaften, Elektrotechnik und Informationstechnik, Humanwissenschaften, Informatik, Luft- und Raumfahrttechnik, Staats- und Sozialwissenschaften, Wirtschafts- und Organisationswissenschaften) kommen drei Fakultäten im Hochschulbereich für Angewandte Wissenschaften (Betriebswirtschaft, Elektrotechnik und Technische Informatik, Maschinenbau).

len. Studienangebote des CASC, Kurse des Sprachenzentrums und diverse Auslandsprogramme komplettieren das Angebot.[4]

Da die Offiziersanwärter mit über 90% den Großteil der Studierenden stellen, orientiert sich die Entwicklung der Studierendenzahlen im Wesentlichen an den jeweiligen Bedarfen der Bundeswehr.[5] Mit Ausnahme besonderer Jahre, wie etwa die doppelten Abiturjahrgänge, bleibt die Zahl der Neuimmatrikulationen relativ konstant. Insgesamt waren im Mai 2015 etwas mehr als 2.700 Studierende an der UniBw M immatrikuliert. Die Zahl der weiblichen Studierenden lag dabei bei ca. 14%. Dieser vergleichsweise geringe Anteil erklärt sich in erster Linie durch die noch nicht lange zurückliegende Öffnung der Bundeswehr für Frauen. Ein Blick auf die Belegung der angebotenen Studiengänge zeigt, dass der Anteil der weiblichen Studierenden breit gestreut ist und von 1,5% im Studiengang Computer Aided Engineering über 22% im größten Studiengang Wirtschafts- und Organisationswissenschaften bis zu 47% im Studiengang Psychologie reicht (Abbildung 2.1).

Neben den Offiziersanwärtern ist das Studium prinzipiell auch für zivile Studierende möglich. Aufgrund der anfallenden Studiengebühren wird dieses Angebot jedoch fast ausschließlich von Industriestipendiaten im Rahmen eines dualen Studiums wahrgenommen. Im Rahmen ausbildungsintegrierter Studiengänge erwerben die Stipendiaten einerseits einen universitären Masterabschluss und andererseits eine Ausbildung im Unternehmen. Für die Studierenden ist das Studium attraktiv, da sie (wie auch die Offiziere) während ihres Studiums vergütet werden. Da die Stipendiaten im Anschluss an das Studium in der Regel für einige Zeit im Unternehmen verbleiben, profitieren die Unternehmen von den kurzen Studienzeiten und der parallelen Ausbildung ihrer Absolventen, die sie somit sehr schnell in das Unternehmen integrieren können.

---

[4] Auf letztere wird hier nicht mehr im Detail eingegangen. Es soll jedoch nicht unerwähnt bleiben, dass Kooperationsabkommen mit mehr als 60 Partneruniversitäten bestehen und den meisten Studierenden eine weitreichende finanzielle Unterstützung für ihren Auslandsaufenthalt gewährt wird. Diesen guten Voraussetzungen für einen Auslandsaufenthalt steht die zeitlich enge Trimestertaktung des Studiums entgegen.

[5] Das Studium ist für die Offiziersanwärter kostenfrei. Sie erhalten vielmehr ein ihrem Dienstgrad entsprechendes Gehalt. Studienvoraussetzungen sind die für alle bayerischen Hochschulen gültige Hochschulzugangsberechtigung nach dem Bayerischen Hochschulgesetz sowie ein bestandener Eignungstest beim Assessmentcenter für Führungskräfte der Bundeswehr und eine Dienstverpflichtung in der Bundeswehr von mindestens 13 Jahren, welche bereits Offizierslehrgänge und Studium enthält.

Abbildung 2.1 Angebotene Studiengänge und Studierendenzahl

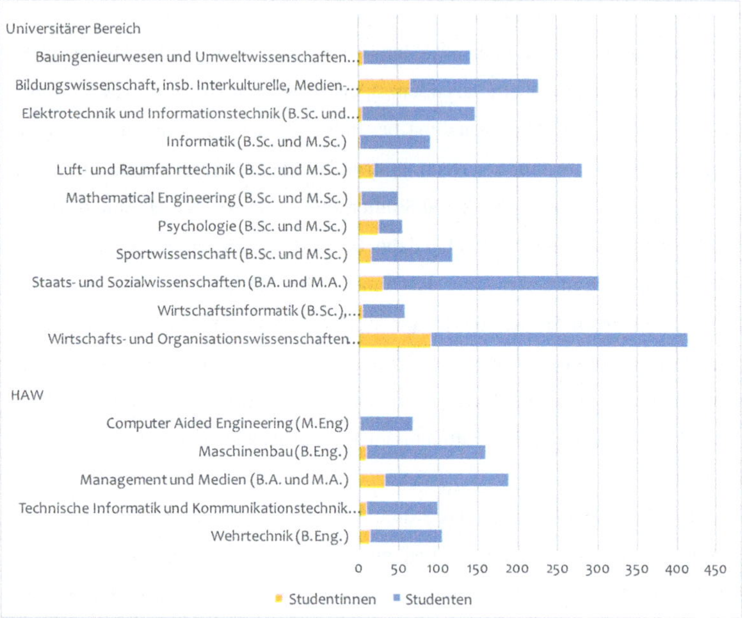

Universitärer Bereich	
Bauingenieurwesen und Umweltwissenschaften...	
Bildungswissenschaft, insb. Interkulturelle, Medien-...	
Elektrotechnik und Informationstechnik (B.Sc. und...	
Informatik (B.Sc. und M.Sc.)	
Luft- und Raumfahrttechnik (B.Sc. und M.Sc.)	
Mathematical Engineering (B.Sc. und M.Sc.)	
Psychologie (B.Sc. und M.Sc.)	
Sportwissenschaft (B.Sc. und M.Sc.)	
Staats- und Sozialwissenschaften (B.A. und M.A.)	
Wirtschaftsinformatik (B.Sc.),...	
Wirtschafts- und Organisationswissenschaften..	
HAW	
Computer Aided Engineering (M.Eng)	
Maschinenbau (B.Eng.)	
Management und Medien (B.A. und M.A.)	
Technische Informatik und Kommunikationstechnik...	
Wehrtechnik (B.Eng.)	

■ Studentinnen   ■ Studenten

Quelle: UniBw M (2015)

Die Voraussetzungen für das Studium sind insgesamt als sehr gut zu bezeichnen. Neben den bereits erwähnten Gehaltszahlungen (vgl. Fußnote 4), haben die meisten Studierenden auch einen Anspruch auf eine kostenfreie Unterkunft auf dem Campus. Finanziell sind die Studierenden der UniBw M somit deutlich bessergestellt, als ihre Kommilitonen an den Landesuniversitäten. Umgekehrt erwartet sie aufgrund der Trimestertaktung ein deutlich intensiveres Studium, mit drei Prüfungsperioden pro Jahr und nur einem längeren vorlesungsfreien Block im Sommer. Dieser Belastung wird durch ein sehr gutes akademisches Betreuungsverhältnis Rechnung getragen, das im Durchschnitt bei fünf Studierenden je Mitarbeiter im wissenschaftlichen Bereich liegt. Werden die drittmittelfinanzierten wissenschaftlichen Mitarbeiter hinzugerechnet, verbessert sich dieses Verhältnis auf unter 4 Studierende je Mitarbeiter im wissenschaftlichen Bereich. Diese Zahlen liegen weit unter dem bundesweiten bzw. bayerischen Durchschnitt von 16 bzw. 14 Studierenden je Mitarbeiter aus dem wissenschaftlichen Bereich (Dohmen 2014). Gleichwohl variiert das Verhältnis zwischen den Fakultäten. Besonders niedrig ist diese Relation in den Fakultäten Informatik, Elektrotechnik und Informationstechnik sowie Maschinenbau (HAW).

In Ergänzung zu den regulären Studiengängen bietet das casc aktuell fünf weiterbildende berufsbegleitende Studiengänge mit Bachelor- und Masterabschluss an. In einigen Fällen erfolgt die Ausbildung gemeinsam mit renommierten praxisorientierten Partnern, wie der Hochschule Reutlingen (International Management (MBA), Wirtschaftsingenieurwesen (B. Eng.)) oder dem Georg C. Marshall European Center for Security Studies (International Security Studies (M. A.)).

2.2.2 Forschung und Innovation an der UniBw M

Bis heute werden die Forschungsaktivitäten an den Universitäten maßgeblich durch Publikationen offenbar. Damit werden die Universitäten auch ihrer historisch gewachsenen Aufgabe gerecht, Wissen zu generieren und öffentlich zu machen. Ein Blick auf die Publikationen zeigt, dass in den letzten Jahren zwischen 500 und 600 Veröffentlichungen mit Beteiligung von Wissenschaftlern der UniBw M von der Bibliothek erfasst wurden (Abbildung 2.2). Da vermutlich nicht alle Publikationen gemeldet wurden, liegt die Gesamtzahl in allen betrachteten Jahren sicher etwas über den angegebenen Zahlen. Dennoch lassen die vorliegenden Daten erste Rückschlüsse auf die Form der Veröffentlichungen zu. Den Hauptanteil stellen mit 36% bis 40% die Konferenzbeiträge. Ihnen folgen mit Anteilen um die 30% wissenschaftliche Zeitschriftenartikeln, die in den meisten Disziplinen noch immer als wichtigste Währung unter den Veröffentlichungen, häufig sogar unter allen Kennzahlen des wissenschaftlichen Outputs gelten. Monographien scheinen im wissenschaftlichen Kontext dagegen immer unbedeutender zu werden.

In einer sich wandelnden Universitätslandschaft lässt sich der Forschungsoutput jedoch längst nicht mehr alleine anhand der Publikationen ablesen. Mit Blick auf die zunehmende Bedeutung angewandter, praxisnaher Forschung, kommt hierbei den eingeworbenen Drittmittel eine hohe Bedeutung zu. Tatsächlich ist die häufig zu beobachtende positive Entwicklung der Drittmitteleinnahmen auch für die UniBw M zu verzeichnen. Insgesamt ist die Drittmittelquote in den letzten Jahren von 14,7% (2009) auf 24,2% im Jahr 2015 angestiegen. Für das Jahr 2015 entspricht dies einem Drittmittelaufkommen von rund 30 Millionen Euro. Ein Blick auf die Drittmittelgeber offenbart die hohe Bedeutung öffentlicher Fördergelder. Insgesamt machten Bundes-, Landes-, EU- und DFG-

Fördermittel im Jahr 2015 nahezu zwei Drittel der gesamten Drittmittel aus. Rund ein Drittel der Einwerbungen kamen demgegenüber aus der Industrie (Abbildung 2.3).

Abbildung 2.2 Publikationen mit Beteiligung von Wissenschaftlern der UniBw M

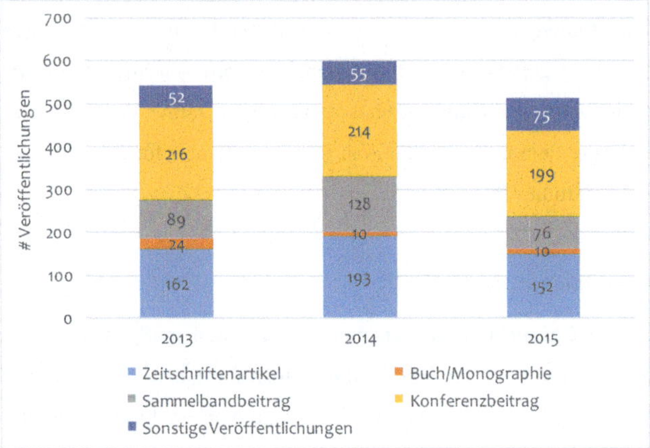

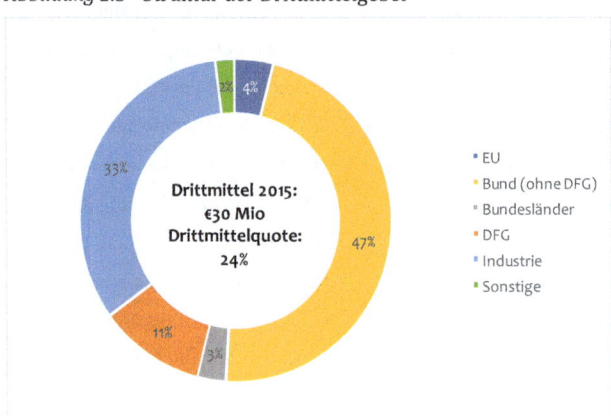

Quelle: UniBw M (2015)

Abbildung 2.3 Struktur der Drittmittelgeber

Quelle: UniBw M (2015)

Die zunehmende Orientierung hin zur angewandten Forschung führt letztlich aber auch zu einem erhöhten Wettbewerb unter den Universitäten sowie zwischen Universitäten und sonstigen Forschungseinrichtungen. Die funktionale Veränderung erfordert daher in der Regel auch einen institutionellen Wandel. Neben der Professionalisierung administrativer Abläufe zählt dazu auch eine stärkere Anpassung an unternehmerische

Organisationsstrukturen. Dies hat zunehmend zur Folge, dass ein Teil des Wissens durch Lizenzierung oder Patentierung geschützt (und wirtschaftlich nutzbar) wird. Die diesbezüglichen Kennzahlen für die UniBw M lassen den Schluss zu, dass diese Strategie bislang nicht aktiv verfolgt wurde. Mit nur neun Patentanmeldungen in den letzten Jahren liegt die UniBw M hier weit hinter Universitäten vergleichbarer Größenordnung zurück.

Entscheidend für die Umsetzung der Ziele sowohl im Bereich Lehre und Weiterbildung als auch Forschung und Innovation sind die Mitarbeiter der UniBw M. Hierauf gehen wir im folgenden Abschnitt detaillierter ein. Schon jetzt soll das Augenmerk jedoch auf die Bedeutung des sogenannten Mittelbaus gelegt werden, der mit 600 wissenschaftlichen Mitarbeitern (ohne Professoren) das Rückgrat sowohl der grund- als auch drittmittelfinanzierten Forschung darstellt. Der Großteil dieser wissenschaftlichen Mitarbeiter strebt im Rahmen der weiteren Qualifikation eine Promotion an und trägt auch damit ganz wesentlich zum Forschungsoutput einer Universität bei. Im Zeitraum von 2010 bis 2014 wurden über alle Fakultäten 328 Promotionen erfolgreich abgeschlossen. Die meisten Promotionsurkunden wurden in dieser Zeit von den Fakultäten Luft- und Raumfahrttechnik (84), Bauingenieurwesen und Umweltwissenschaften (53) sowie Wirtschafts- und Organisationswissenschaften (50) vergeben (Abbildung 2.4).

Abbildung 2.4 Entwicklung der Promotionen (nach Fakultäten)

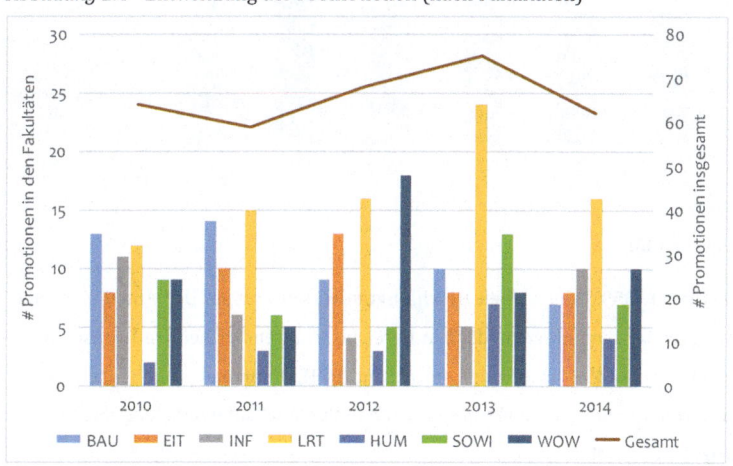

Quelle: UniBw M (2015)

2.2.3 Mitarbeiter und Infrastruktur der UniBw M

Im Jahre 2014 zählte die UniBw M insgesamt etwas mehr als 1.300 zivile und 100 militärische Beschäftigte. Unter den zivilen Mitarbeitern konnten rund 770 dem wissenschaftlichen und etwa 530 dem wissenschaftsunterstützenden Personal zugerechnet werden. Die Entwicklung der zivil Beschäftigten ist über die letzten Jahre weitgehend stabil. Die Zunahme der Drittmittel schlägt sich somit nicht direkt in der Zahl der Mitarbeiter nieder. Dies liegt im Wesentlichen daran, dass zur Bearbeitung der Projekte nicht neue Mitarbeiter eingestellt werden, sondern die bereits angestellten wissenschaftlichen Mitarbeiter aufgestockt werden (etwa von einer halben auf eine volle Stelle) (Abbildung 2.5).

Abbildung 2.5 Entwicklung der Beschäftigten

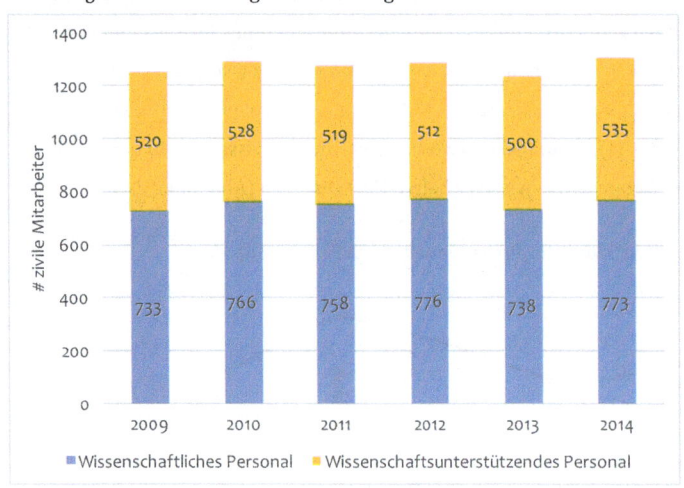

Quelle: UniBw M (2015)

Gut ein Drittel (35%) der zivilen Beschäftigten waren Frauen. Der Anteil schwankt jedoch erheblich für die unterschiedlichen Bereiche. Während er bei den Hochschullehrern nur bei knapp 14% lag (23 von insgesamt 169), kommen das sonstige wissenschaftliche sowie das wissenschaftsunterstützende Personal auf deutlich höhere Quoten von 27% bzw. 51% (Abbildung 2.6).

Abbildung 2.6 Geschlechteranteile unter den Beschäftigten

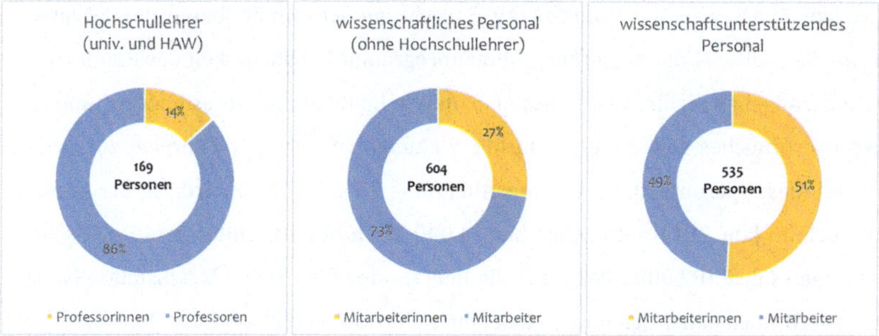

Hochschullehrer (univ. und HAW)	wissenschaftliches Personal (ohne Hochschullehrer)	wissenschaftsunterstützendes Personal
169 Personen: 14% Professorinnen, 86% Professoren	604 Personen: 27% Mitarbeiterinnen, 73% Mitarbeiter	535 Personen: 49% Mitarbeiterinnen, 51% Mitarbeiter

Quelle: UniBw M (2015)

Neben den Mitarbeitern zählt auch eine funktionierende Infrastruktur zu den wichtigen Voraussetzungen für die erfolgreiche Entwicklung von Universitäten. Als Campusuniversität liegen alle universitären Einrichtungen sowie die Unterkünfte der Studierenden auf dem rund 140 ha großen Gelände des ehemaligen Fliegerhorstes Neubiberg. Der gesamte Campus ist von einem Zaun umgeben und nur an drei Stellen zugängig. Dies steht zweifellos in Konflikt zur Offenheit und Transparenz universitärer Forschung und Lehre, ist jedoch der Tatsache geschuldet, dass es sich bei der Universität auch um eine zu schützende militärische Liegenschaft handelt. Der Zugang ist nach Vorlage eines offiziellen Ausweisdokumentes jedoch allen Besuchern offen.

Unter Einbeziehung der Wohngebäude stehen auf dem Campus ungefähr 70 Gebäude/Gebäudekomplexe mit mehr als 330.000 m² Nutzfläche, die sich im Besitz der Bundesanstalt für Immobilienaufgaben (BImA) befinden.[6]

Der beständige Anstieg der eingeworbenen Drittmittel sowie die Einführung neuer Studiengänge erfordern ständig mehr Büro- und Laborfläche sowie die Bereitstellung zusätzlicher Hörsäle, Seminarräume und nicht zuletzt auch Wohnunterkünfte. Zusammen mit dem kontinuierlichen Renovierungszyklus der bestehenden Gebäude (z. B. Grundinstandsetzung, energetische Sanierung, baulicher Brandschutz, Modernisierung der Labore) befindet sich die bauliche Infrastruktur daher in einem stetigen Wandel. Die dazu aufzuwendenden Mittel beliefen sich im Jahr 2014 auf über 20 Mio. Euro, eine Summe mit der auch in den kommenden Jahren zu rechnen sein dürfte, die vermutlich sogar übertroffen wird.

---

[6] Eine Campusübersicht befindet sich im Anhang (Abbildung A1).

Neben den Bau- und Renovierungsarbeiten müssen alle Gebäude beheizt und mit Strom bzw. Wasser versorgt werden. Als Einrichtung der unmittelbaren Bundesverwaltung ist die UniBw M durch das Maßnahmenprogramm Nachhaltigkeit der Bundesregierung dazu angehalten, ihre CO_2-Emissionen durch die Reduktion ihres Energie- und Ressourcenverbrauches sowie die verstärkte Nutzung erneuerbarer Energien zu vermindern (Bundesregierung 2010). Wie aus Abbildung 2.7 ersichtlich wird, lag der Energieverbrauch im Jahr 2014 mit etwas über 74.000 MWh deutlich unter dem Durchschnitt der vorigen Jahre (82.000 MWh), für die kein eindeutiger Trend festzustellen ist. Der Wasserverbrauch belief sich im gleichen Jahr auf etwa 230.000 m³. Dabei handelt es sich erneut um einen gegenüber den Vorjahren niedrigeren Wert.

Abbildung 2.7 Energie- und Wasserverbrauch der UniBw M (2006-2014)

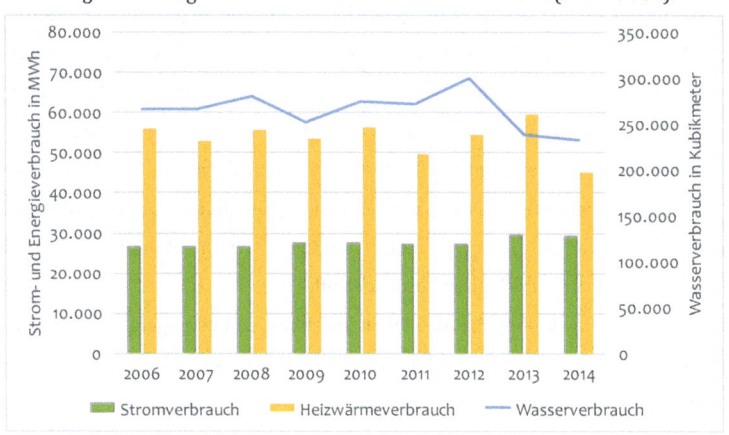

Quelle: BWDLZ (2015)

Mit Blick auf den Energiebedarf fällt auf, dass der vergleichsweise geringe Verbrauch im Jahr 2014 auf einen deutlichen Rückgang des Heizwärmeverbrauchs zurückzuführen ist. Dies könnte sowohl an vergleichsweise milden Temperaturen im ersten und vierten Quartal 2014 gelegen haben als auch an der im Mai 2014 vollzogenen Umstellung von einer überwiegend gasbasierten Beheizung auf Fernwärme (Abbildung 2.8).

Ob und in welchem Umfang das primäre Ziel, Energie durch energetische Sanierungen einzusparen, erreicht werden kann, lässt sich heute noch nicht abschätzen. In jedem Fall konnten durch die Umstellung der Heizwärmegewinnung im Jahr 2014 und den Einkauf von 100% erneuerbarem Strom (seit 2010) eine deutliche Reduktion der korrespondierenden CO_2 Emission erreicht werden.

Abbildung 2.8 Heizwärmeverbrauch der UniBw M nach Quartalen (I/2006-I/2015)

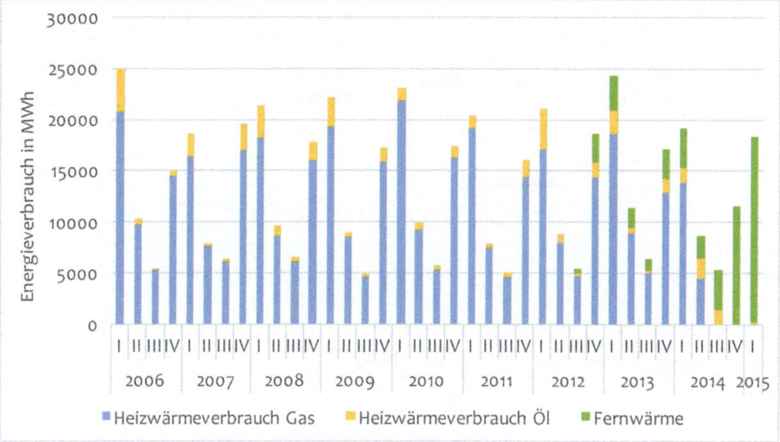

[Balkendiagramm: Energieverbrauch in MWh, Quartale I–IV von 2006 bis 2015, mit Heizwärmeverbrauch Gas, Heizwärmeverbrauch Öl und Fernwärme]

Quelle: BWDLZ (2015)

2.3 Regionale Umgebung

2.3.1 Lokale Nachbarschaft - Die umliegenden Gemeinden

Die lokale Nachbarschaft der UniBw M bilden, wie in Abbildung 2.9 dargestellt, die angrenzenden Gemeinden Neubiberg und Unterhaching, sowie in unmittelbarer Nachbarschaft die Gemeinde Ottobrunn. Die drei Gemeinden des Landkreises München nehmen eine Fläche von 21,4 km^2 ein und hatten im Jahr 2014 ca. 58.000 Einwohner. Mit einer Bevölkerungsdichte von 2.730 Einwohnern pro Quadratkilometer befindet sich die Region somit weit über dem Durchschnitt des Landkreises München von 501 Einwohnern pro Quadratkilometer (Statistische Ämter des Bundes und der Länder 2016a, b).

Abbildung 2.9 Lokale Nachbarschaft der UniBw M

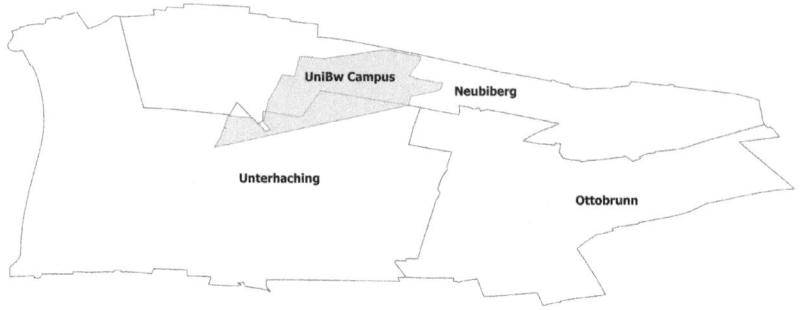

Quelle: eigene Darstellung basierend auf Nordmann (2016)

Neubiberg

Die Gemeinde Neubiberg umfasst 5,77 km² und hatte im Jahr 2014 13.600 Einwohner (Statistische Ämter des Bundes und der Länder 2016a, b). Sie besteht aus den zwei Ortsteilen Neubiberg und Unterbiberg. Unter dem Slogan „Fortschritt. Miteinander. Leben" liegen die Schwerpunkte in der langfristigen Kommunalpolitik neben der Wirtschaftsförderung auf dem Umweltschutz, dem ehrenamtlichen Engagement, der Kultur, dem Sport und der Bildung (Gemeinde Neubiberg 2016a). Unter dem Stichwort Gemeindemarketing verfolgt die Gemeinde die 3-W-Strategie „Wohnbevölkerung-Wirtschaft-Wissenschaft", welche darauf abzielt, die Attraktivität Neubibergs über das Engagement der Bürger, finanzielle Mittel aus Gewerbeeinnahmen und die Etablierung als Wissenschaftsstandort zu steigern (Gemeinde Neubiberg 2016b). Zur Förderung des Ehrenamtes pflegt die Gemeinde eine öffentliche Vereinsdatenbank, welche derzeit 90 Organisationen umfasst, in denen sich motivierte Bürger engagieren können (Gemeinde Neubiberg 2016c). Des Weiteren gibt es im Rathaus eine Freiwilligenbörse, in welcher Interessenten über die verschiedenen Tätigkeitsbereiche der Vereine informiert und gegebenenfalls vermittelt werden (Gemeinde Neubiberg 2016d). Neben der UniBw M sind die Infineon Technologies AG mit Ihrem Firmengelände „Campeon" im Landschaftspark Unterbiberg und die Akademie für Tierschutz wichtige Arbeitgeber und Forschungseinrichtungen, welche für Neubibergs Status als Wissenschaftsstandort ausschlaggebend sind.

Das Bild der Kommune wird zu einem großen Teil von Grün- und Waldflächen geprägt, welche annähernd zehn Prozent der Gemeindefläche ausmachen und die trotz der starken Nachverdichtung durch das große Bevölkerungswachstum erhalten bleiben sollen. Die Relevanz des Umwelt- und Naturschutzes für Neubiberg wird darüber hinaus unter anderem durch die Angebote des Umweltgartens und die jährliche Verleihung des Neubiberger Umweltpreises unterstrichen (Gemeinde Neubiberg 2017a). Des Weiteren ist Neubiberg die erste Fairtrade-Gemeinde des Landkreises München (BIHK 2016, TransFair 2016).

Ottobrunn

In Ottobrunn leben annähernd 21.000 Menschen auf einer Fläche von etwa 5 km². Mit ca. 4.000 Einwohnern pro Quadratkilometer hat die Gemeinde die höchste Einwohnerdichte im Landkreis München (Statistische Ämter des Bundes und der Länder 2016a, b). Ottobrunn war ursprünglich ein Ortsteil der Gemeinde Unterhaching, erlangte jedoch im April 1955 seine Selbstständigkeit.

Wirtschaftlich hat sich Ottobrunn als ein Zentrum der Luft- und Raumfahrtbranche etabliert. Insbesondere sind hier die Firmen IABG (Industrieanlagen-Betriebsgesellschaft mbH) und MBB (Messerschmitt-Bölkow-Blohm) zu nennen. Aus letzterer entwickelten sich nacheinander die Unternehmen DASA (DaimlerChryslerAerospace), EADS und Airbus Group. Weitere große Unternehmen aus der Technologiebranche sind die TE Connectivity Ltd. und die P+S Technik GmbH.

Ebenso wie in Neubiberg hat in Ottobrunn die Beteiligung der Einwohner am gesellschaftlichen Leben eine große Bedeutung und wird über eine Ehrenamtsbörse gefördert. Im Bereich des freiwilligen Engagements ist hier speziell der „Freundeskreis der Partnergemeinden Ottobrunns" hervorzuheben, welcher die internationalen Partnerschaften der Gemeinde mit den Städten Margreid (Italien), Nauplia (Griechenland) und Mandelieu-La Napoule (Frankreich) pflegt. Außerdem hat auch hier der Umweltschutz einen sehr hohen Stellenwert. Vornehmlich auf dem Gebiet Energie und Klimaschutz wurde der Einsatz Ottobrunns bereits mit diversen Preisen ausgezeichnet[7]. Hier engagiert sich die Gemeinde gemeinsam mit Neubiberg in der lokalen Agenda 21 Ottobrunn-Neubiberg im Arbeitskreis „Energie und Klima".

---

[7] Ottobrunn war viermal unter den ersten fünf Plätzen beim Klimaschutzwettbewerb der Deutschen Umwelthilfe, erlangte den zweiten Platz im Wettbewerb „Energiesparkommune" 2015 und erhielt den Energiepreis 2011 des Landkreises München für sein Solarpotenzialkataster.

Unterhaching

Unterhaching ist mit 23.700 Einwohnern die zweitbevölkerungsreichste Gemeinde im Landkreis München. Mit einer Fläche von 10 km² ist Unterhaching zudem auch die größter der drei umliegenden Gemeinden (Statistische Ämter des Bundes und der Länder 2016a, b). Bekannt ist Unterhaching insbesondere aufgrund seiner Geothermieanlage mit einer installierten Leistung von 38 MW in der Wärme- und 3,36 MW in der Stromerzeugung. Die Anlage konnte die Region somit im Jahr 2015 mit 86 GWh thermischer und 7,3 GWh elektrischer erneuerbarer Energie versorgen (Geothermie Unterhaching GmbH & Co KG 2016). Weitere namhafte Unternehmen mit Sitz in Unterhaching sind die SportScheck GmbH, die Develey Senf + Feinkost GmbH, die DAIKIN Airconditioning Germany GmbH und die Wrigley GmbH.

Ebenso wie Neubiberg und Ottobrunn legt Unterhaching ein großes Augenmerk auf das ehrenamtliche Engagement seiner Bürger. So verleiht die Gemeinde jährlich die Auszeichnung „Unterhaching dankt" als Anerkennung für „Bürgerinnen und Bürger der Gemeinde Unterhaching, die sich im Ehrenamt besonders engagiert haben" (Gemeinde Unterhaching 2009).

Auch der Umweltschutz spielt in Unterhaching eine große Rolle. Zum einen engagiert sich die Gemeinde besonders im Bereich Klimaschutz und erneuerbare Energien. Neben der oben genannten Geothermieanlage und einem eigenen Klimaschutzkonzept legt sie hier einen speziellen Fokus auf gezielte Fördermaßnahmen und Sensibilisierungskampagnen (Gemeinde Unterhaching 2017). Des Weiteren ist das Bild der Gemeinde durch viele Grünflächen geprägt. Hier ist im Speziellen der Landschaftspark Hachinger Tal zu nennen, welcher mit über 1,2 km² mehr als zehn Prozent der Fläche Unterhachings ausmacht und 2005 Partnerprojekt der Bundesgartenschau München war.

Die kurze Beschreibung zeigt, dass alle drei umliegenden Gemeinden großen Wert auf Bürgerbeteiligung im Rahmen des Ehrenamtes legen und versuchen, sich durch Anstrengungen im Umweltschutz und hier insbesondere in den Bereichen Klimaschutz und nachhaltige Energieversorgung ein umweltfreundliches Image aufzubauen. An dieser Stelle übt die UniBw M durch ihre größenbedingte dominante Stellung in der Region einen nicht zu vernachlässigenden Einfluss auf die Erfolgsaussichten dieser Anstrengungen aus. Diese Aspekte werden daher in Kapitel 5 zu den soziokulturellen Impulsen der Universität nochmals aufgegriffen und näher erläutert.

2.3.2 Die Europäische Metropolregion München (EMM)

Die mittlerweile 11 Europäischen Metropolregionen in Deutschland wurden von der Ministerkonferenz für Raumordnung (MKRO) ausgewiesen, welche sie im Raumordnungspolitischen Handlungsrahmen von 1995 als „Motoren der gesellschaftlichen, wirtschaftlichen, sozialen und kulturellen Entwicklung mit guter Erreichbarkeit auf europäischer und internationaler Ebene und weiter Ausstrahlung ins Umland" bezeichnet (IKM 2016).

Abbildung 2.10   Räumliche Abgrenzung der Europäischen Metropolregion München (EMM)

Quelle: eigene Darstellung basierend auf Nordmann (2016)

Es handelt sich hierbei um Ballungsräume von nationaler bis globaler Bedeutung. Die Regionen haben sich 2001 im Initiativkreis Europäische Metropolregionen Deutschland zusammengeschlossen und sollen zur Erfüllung der von der MKRO definierten Leitbilder beitragen. Insbesondere für das Leitbild „Wettbewerbsfähigkeit stärken" spielen die Europäischen Metropolregionen in Deutschland als die „wesentlichen nationalen Wirtschaftsräume von hoher Leistungsfähigkeit" (MKRO 2016, S. 4) eine zentrale Rolle.

Die Europäische Metropolregion München umfasst 26 Landkreise und 6 kreisfreie Städte im Süden Bayerns. Sie belegt 35% der Fläche des Freistaates und beheimatet

45% der bayerischen Bevölkerung (Statistische Ämter des Bundes und der Länder 2016a, b) (Abbildung 2.10).

In ihrem Zentrum liegt die Landeshauptstadt München, die Namensgeber der Region ist. Die beteiligten Landkreise und kreisfreien Städte sowie zentrale Institutionen aus Wirtschaft, Wissenschaft und Gesellschaft haben sich 2011 im Verein Europäische Metropolregion München (EMM e.V.) zusammengeschlossen, um sich für eine hohe Lebensqualität und nachhaltiges Wirtschaftswachstum einzusetzen (EMM 2016a). Der Landkreis Erding, welcher geografisch in dieser Region liegt, lehnt eine Mitgliedschaft in der Europäischen Metropolregion München ab.

Mit einem Bruttoinlandsprodukt von etwa 47.000 Euro pro Einwohner war die Europäische Metropolregion München im Jahr 2013 die wirtschaftlich stärkste der 11 Europäischen Metropolregionen in Deutschland gefolgt von der Europäischen Metropolregion Frankfurt mit einem Bruttoinlandsprodukt von 42.400 Euro pro Einwohner. Die Wirtschaftskraft ist jedoch über die Landkreise und kreisfreien Städte sehr heterogen verteilt. So schwankt das Bruttoinlandsprodukt je Einwohner zwischen 121.600 Euro in Ingolstadt und 22.300 Euro in Fürstenfeldbruck (Statistische Ämter des Bundes und der Länder, 2016c). Die wirtschaftliche Ausrichtung der Europäischen Metropolregion München ist sehr vielfältig, so benennt beispielsweise der Europäische Metropolregion München e.V. als wirtschaftliche Kernkompetenzen die Automobilbranche, die chemische Industrie, die Ernährungswirtschaft, Finanzdienstleistungen, die Holz- und Forstwirtschaft, Information und Kommunikation, Life Sciences, Luft- und Raumfahrt, Maschinenbau, Neue Werkstoffe sowie Umwelt- und Energietechnik (EMM 2016b). Insbesondere im Bereich der Luft- und Raumfahrt, welcher auch für die UniBw M eine große Rolle in der Forschung spielt, kristallisiert sich hier eine Spezialisierung heraus, die durch den von der Bayerischen Staatsregierung beauftragten Verein bavAIRia e.V. im Hinblick auf die Forcierung eines Clusters unterstützt wird (bavAIRia 2016).

2.4 Fazit

Die UniBw M gehört, gemessen an den Studierendenzahlen zu den kleinsten bayerischen Universitäten. Dennoch zeichnet sie sich gegenüber anderen Universitäten durch einige Alleinstellungsmerkmale aus. Zum einen hebt sie sich gemeinsam mit ihrer Schwesteruniversität in Hamburg durch ihre spezielle Studierendenschaft, die hauptsächlich aus Offiziersanwärtern und nur in geringem Umfang aus zivilen Studierenden besteht.

Infolge ihres geografischen Standorts beschert sie der Gemeinde Neubiberg den Status der ersten und bislang einzigen Universitätsgemeinde Deutschlands. Durch ihre Lage in einer der wirtschaftlich stärksten Regionen Deutschlands und durch die Ansiedlung vieler Unternehmen aus dem Bereich Luft- und Raumfahrt im Münchner Süden profitiert die UniBw M von verstärkten Möglichkeiten der Forschungskooperation mit finanzstarken lokalen Partnern. Die damit verbundene technische Ausrichtung der Universität stärkt wiederum den Industriestandort München.

Die nachfolgenden Kapitel thematisieren die vielfältigen Wechselwirkungen zwischen der UniBw M und der sie umgebenden Region und widmen sich hierbei insbesondere der facettenreichen Rolle der Universität als regionaler Impulsgeber.

3 UniBw M als regionalökonomischer Impulsgeber

Die UniBw M verfolgt zwei grundsätzliche Zielsetzungen. Zum einen dient sie der wissenschaftlichen Ausbildung von Offizieren und Offiziersanwärtern, zum anderen ist sie darin bestrebt, die Forschungsbedingungen kontinuierlich zu verbessern, um bestmögliche Voraussetzungen für national und international anerkannte Forschung zu gewährleisten. In diesem Bestreben übernimmt sie, eher beiläufig, auch die Rolle eines konjunkturellen Impulsgebers. So wirken sich insbesondere Investitionen, Sach- und Betriebsmittel sowie die Entfaltung der Kaufkraft von Mitarbeitern positiv auf die Wirtschaft aus. Hinzukommen – und hierin unterscheidet sich die Universität von einem Unternehmen vergleichbarer Größe – die Ausgaben der Studierenden, die einen nicht unerheblichen Teil der regionalen Kaufkraft einer Universität ausmachen können.

In der Regel bleiben die Effekte nicht auf die direkten Ausgaben beschränkt. Vielmehr kommt es beim Durchlaufen des Wirtschaftskreislaufes zu weiteren indirekten Impacts, die sich durch die Verflechtung moderner Ökonomien erklären und mit Hilfe der Input-Output-Rechnung (produktionsseitige Multiplikatoren) bzw. des keynesianischen Einkommensmulitiplikators bemessen lassen.

Welcher Anteil der Ausgaben in der untersuchten Region verbleibt, ist zum einen von der Größe und zum anderen von der industriellen Struktur der Region abhängig. Um die Impulse räumlich möglichst eng fassen und zuordnen zu können, bietet sich einerseits ein möglichst kleinräumiger Untersuchungsraum an. Andererseits erfordert die genaue Analyse eine umfassende Betrachtung aller betroffener Branchen, woraus sich die Notwendigkeit für eine weiter gefasste Region ergibt. Im vorliegenden Fall wurde als maßgeblicher Untersuchungsraum die Europäische Metropolregion München (EMM) gewählt, die den Regierungsbezirk Oberbayern sowie Teile Niederbayerns und Schwabens umschließt. Eine detaillierte Berechnung der gesamten konjunkturellen Impulse für die Gemeinden Neubiberg und Ottobrunn ist aufgrund der Datenlage nicht verlässlich möglich. Sie wäre bei Einbeziehung direkter und indirekter Effekte aber auch nicht sinnvoll – zu schnell könnten sich Strukturen durch Zu- oder Abwanderung einzelner Unternehmen ändern. Die Berechnung der branchenspezifischen Auswirkungen lassen jedoch erste Abschätzungen zu lokal wirksamen Impulsen zu.

Kapitel 3.1 stellt kurz das methodische Vorgehen dar. Hieraus lassen sich die Ergebnisse ableiten, die in Kapitel 3.2 ausführlich diskutiert werden.

3.1 Methodisches Vorgehen

Investitionsausgaben, wie beispielsweise die Errichtung neuer Bauten auf dem Campus der UniBw M, wirken sich zunächst direkt auf die ausführenden Unternehmen des Bausektors aus. Aufgrund des hohen Verflechtungsgrades moderner Ökonomien gehen die Impulse aber über die direkt betroffenen Branchen hinaus. So benötigen die Bauunternehmen zur Verrichtung ihrer Arbeit Vorleistungen in Form von Maschinen, Fahrzeugen, Energie und Abraumentsorgungsleistungen sowie Dienstleistungen von Architekten und Statikern, die alle, obwohl nicht direkter Vertragspartner der UniBw M, indirekt an den Ausgaben für Bauten partizipieren. Da sich in allen direkt und indirekt betroffenen Branchen auch die Löhne bzw. Unternehmergewinne erhöhen, kann es neben den produktionsseitigen darüber hinaus zu nachfrageseitigen Effekten kommen, und zwar umso stärker, je mehr Geld von den zusätzlichen Einkommen für Konsumzwecke Verwendung findet.

Die vielfältigen (von der offiziellen Statistik empirisch erfassten) Verflechtungen werden häufig in Form von Input-Output-Tabellen abgebildet, die wiederum den Mittelpunkt der von Wassily Leontief begründeten Input-Output-Analyse darstellen. Die umfangreiche empirische Fundierung, auf der alle Input-Output-Rechnungen basieren, ist gleichzeitig Stärke und Schwäche dieser Methodik. Sie erweist sich einerseits als problematisch, da die Daten häufig nicht in der geforderten Tiefe bereitstehen und Lücken aufwendig geschlossen werden müssen. Ist die Tabelle dann erstellt, liegen die Daten zudem einige Jahre in der Vergangenheit, so dass sich zum Zeitpunkt der Analyse durchaus neue Strukturen gebildet haben können. Andererseits gewährleistet die aufwendige Erstellung einer Input-Output-Tabelle die Durchführung konkreter partielle Wirkungsanalysen, etwa im Zusammenhang mit der Realisierung von Großprojekten oder den wirtschaftlichen Aktivitäten großer regionaler Akteure.[8]

In Abhängigkeit der Fragestellung kann die Tabelle entweder auf der technologischen oder aber regionalen Verflechtung basieren. Die technologische Verflechtungsmatrix bildet in der Regel alle inländischen und importierten Vorleistungsströme ab, um die

---

[8] Z.B. Rothengatter et al. 2009 zu Stuttgart 21 und Astor et al. 2010 zum Wissenschaftsstandort EMM.

Produktionsfunktion eines Sektors möglichst genau abzubilden. Regionale Tabellen legen dagegen das Hauptaugenmerk auf die Verflechtung regional ansässiger Unternehmen (bzw. Produktionsbereiche) und weisen Vorleistungen von außerhalb der betrachteten Region nur als Aggregat nicht aber sektoral differenziert aus. Für die vorliegende Analyse kommt eine solche regionale, 71 Branchen umfassende Input-Output-Tabelle der Europäischen Metropolregion München (EMM) zur Anwendung.

Die eigens für diese Studie erstellte regionale Tabelle (in aggregierter Form dargestellt durch Tabelle 3.1) stellt die Basis für die Abschätzung der regional wirksamen konjunkturellen Impulse der Universität dar.[9] Aufgrund der Einbeziehung sowohl der sektoralen Verflechtung als auch der in den Sektoren erzielten Einkommen eignet sich die regionale Input-Output-Analyse in besonderer Weise, um neben den direkten auch die indirekten Produktions- und Einkommenseffekte der durch die Universität induzierten Ausgaben abzuschätzen. Das im Anhang A1 formal dargestellte Modell durchläuft dabei folgende Schritte (hier beispielhaft für die Investitionsausgaben):

1. Die UniBw M tätigt Investitionen und entfaltet somit eine Endnachfrage nach Investitionsgütern.
2. Ein Teil dieser Endnachfrage wird von Unternehmen aus der Region befriedigt. Annahmegemäß ist dieser regionale Anteil umso höher, je stärker die betroffenen Sektoren in der Region vertreten sind.
3. Mit dem Anstieg der Produktion in der entsprechenden Branche (z. B. der Baubranche) steigt auch die Produktion in allen vorgelagerten Produktionsbereichen an. Ein Teil dieser vorgelagerten Produktion findet wiederum in der Region statt (dieser Anteil ist durch die regionale Input-Output-Tabelle gegeben).
4. Der Anstieg der Produktion in den direkt und indirekt betroffenen Sektoren führt in der Region zu einer erhöhten Nachfrage nach primären Inputs, darunter insbesondere Kapital und Arbeit.
5. Die zusätzliche Beschäftigung der Produktionsfaktoren resultiert in einem Anstieg der regionalen Einkommen (aus Arbeit und Kapital) an die privaten Haushalte.
6. Einen Teil der zusätzlichen Einkommen verwenden die Haushalte zu Konsumzwecken, die wiederum teilweise regional wirksam werden. Somit kommt es

---

[9] Eine genauere Beschreibung zur Herleitung der regionalen Tabelle befindet sich im Anhang A2.

nachfrageseitig zu einem erneuten Anstieg der Endnachfrage, und der Prozess startet erneut (siehe 1.).

Der letzte Schritt impliziert, dass die Haushalte nie das gesamte zusätzliche Einkommen ausgeben, sondern einen Teil davon sparen, d. h. für die (als konstant angenommene) Konsumquote gilt: $c < 1$. Somit schwächt sich der Prozess im Laufe der Zeit immer stärker ab und kommt nach einiger Zeit zu einem Ende.

Weitere konjunkturelle Impulse gehen von Ausgaben für Sach- und Betriebsmittel sowie von den Gehaltszahlungen und der damit verbundenen Entfaltung der Kaufkraft von Beschäftigten und Studierenden aus. Deren Berechnung erfolgt analog zu den durch die Investitionen induzierten Impulsen.

3.2 Ergebnisse

3.2.1 Input-Output-Tabelle für die Europäische Metropolregion München (EMM)

In Übereinstimmung mit dem von Lindberg (2010) vorgeschlagenen und im Anhang skizzierten Vorgehen wurde unter Verwendung der regionalen sozialversicherungspflichtigen Beschäftigten sowie sektoral aggregierter Kenngrößen zur Wertschöpfung in der EMM eine 71 Sektoren umfassende regionale Input-Output-Tabelle erstellt. Diese Tabelle stellt die Ausgangsbasis für die Berechnung der durch die UniBw M induzierten direkten und indirekten regionalökonomischen Auswirkungen dar. Zu Illustrationszwecken präsentiert Tabelle 3.1 die Ergebnisse in einer auf 12 Sektoren aggregierten (und somit stark vereinfachten) Form.

Die regionale Vorleistungsmatrix stellt den Kern der Tabelle dar (Zeilen und Spalten 1 bis 12). Die Branchen *Maschinenbau, Fahrzeugbau, Datenverarbeitungs-, Mess- und elektrotechnische Geräte*, die in der originären 71 Sektoren umfassenden Tabelle separat betrachtet werden, in der hier dargestellten aggregierten Tabelle jedoch zu einem Sektor zusammengefasst sind, benötigen z. B. zur Produktion eines Outputs in Höhe von rund 133,5 Mrd. Euro (Zeile 5, Spalte 15) regional erzeugte intermediäre Inputs in Höhe von 39,2 Mrd. Euro (Zeile 13, Spalte 5).[10] Dies entspricht einem Anteil von annähernd 30% an allen benötigten Inputs. Zudem fließen in die Produktion des Sektors Vorleis-

---

[10] Der hohe Wert in der Diagonalen verdeutlicht die Problematik der hochaggregierten Darstellung. Erst in der disaggregierten Tabelle wird beispielsweise die Verflechtung von Elektrotechnik und Fahrzeugbau offenbar. Alle branchenspezifischen Berechnungen basieren daher auf der nach 71 Wirtschaftszweigen unterschiedenen Inputkoeffizientenmatrix.

tungen aus anderen in- und ausländischen Regionen in Höhe von 28,7 bzw. 28,9 Mrd. Euro ein (Zeilen 15 bzw. 16, Spalte 5). Der Anteil der aus anderen Regionen importierten Vorleistungen an allen Inputs des Sektors beläuft sich somit auf ca. 43%. Schließlich gehen in die Produktion primäre Inputs in Höhe von 36,0 Mrd. Euro (Zeile 18, Spalte 5) ein (rund 27% aller Inputs). Dies umfasst alle Kategorien der Bruttowertschöpfung, darunter e Löhne und Gehälter, Produktionsabgaben, Abschreibungen und Unternehmensgewinne.

Diese Zusammenhänge weisen die vielfältigen Verflechtungen der Branchen untereinander sowie mit den Haushalten innerhalb der Region aus und stellen die Basis für die im Anhang A1 und A2 formal beschriebene Berechnung der durch die Universität induzierten regional wirksamen multiplikativen Effekte dar.

Neben den sektoralen Kenngrößen lassen sich aus der Tabelle auch wichtige Kenngrößen für die EMM als Ganzes ablesen. So betrug die gesamte Bruttowertschöpfung rund 244,5 Mrd. Euro (Zeile 18, Spalte 13). Durch Addition der Bruttowertschöpfung mit dem Saldo aus Gütersteuern und Gütersubventionen ergibt sich schließlich ein Wert in Höhe von ca. 273,9 Mrd. Euro für das BIP der EMM.

Tabelle 3.1 Input-Output-Tabelle der EMM 2014 in aggregierter Form (regionale Verflechtung), Millionen Euro

Lfd. Nr.	Verwendung / Aufkommen	Erzeugnisse der Land- und Forstwirtschaft, Fischerei	Bergbauerzeugn., Steine und Erden, Energie und Wasser	Mineralölerz., chem. Erz., Glas, Keramik, bearb. Steine u. Erden	Metalle	Maschinen, Fahrzeuge, DV-Geräte, E-techn. Geräte	Text., Bekl., Leder, Erz. d. Holz-u. Papierg., Sek.-rohst.u.ä.
		1	2	3	4	5	6
1	Erzeugnisse der Land- und Forstwirtschaft, Fischerei	246	1	1	0	0	101
2	Bergbauerz., Steine und Erden, Energie und Wasser	22	4 212	659	130	308	200
3	Mineralölerz., chem. Erz., Glas, Keramik, bearb. Steine u. Erden	63	100	13 521	146	1 002	349
4	Metalle	7	39	88	1 310	1 501	38
5	Maschinen, Fahrzeuge, DV-Geräte, E-techn. Geräte	25	405	242	108	28 761	67
6	Text., Bekl., Leder u.Lederw., Erz. d. Holz-u.Papierg., Sek.-rohst.u.ä.	4	22	197	61	401	2 475
7	Nahrungs- und Futtermittel, Getränke, Tabakerzeugnisse	81	0	85	0	0	0
8	Bauarbeiten	7	101	58	17	73	26
9	Handelsleist., Verkehrs- u. Nachrichtenüberm.-DL, Gaststätten-DL	78	364	1 032	323	2 274	631
10	DL d. Kreditinst. u. Vers., DL d. Wohnungsw. u. sonst. unt.-bez. DL	185	971	2 420	352	4 577	908
11	DL d. Gesundh.-, Vet.- u. Sozialw., Erz.- u. Unterr.-DL, Entsorg.-leist.	16	35	199	28	87	58
12	DL d. öff. Verw., Verteid., SV, DL v. Kirchen, Kultur-DL, DL priv. HH	7	448	130	21	229	221
13	Vorleistungen der Produktionsbereiche aus regionaler Prod. (Sp. 1-12) sowie Endnachfrage und Produktionswert insgesamt (Sp. 14 und 15)	741	6 699	18 631	2 497	39 213	5 074
14	Gütersteuern abzüglich Gütersubventionen	55	273	296	70	707	184
15	Vorleistungen der Produktionsbereiche aus sonstiger inl. Produktion	637	4 143	9 389	3 702	28 722	4 785
16	Vorleistungen der Produktionsbereiche aus ausländischer Produktion	217	3 122	16 082	2 524	28 875	3 100
17	Vorleistungen der Produktionsbereiche zu Anschaffungspreisen	1 649	14 237	44 399	8 793	97 517	13 143
18	Bruttowertschöpfung	964	8 246	12 990	3 597	35 984	6 370
19	Produktionswert	2 612	22 483	57 389	12 389	133 500	19 513

Nachrichtlich: kalkuliertes BIP der EEM: 273,9 Mrd. Euro (BWS + Gütersteuern abzüglich Gütersubventionen)

Quelle: eigene Berechnung

Tabelle 3.1 Fortsetzung

Nahrungs- und Futtermittel, Getränke, Tabakerzeugnisse	Bauarbeiten	Handelsleist., Verkehrs- u. Nachrichtenüberm.-DL, Gaststätten-DL.	DL. d. Kreditinst. u. Vers., DL d. Wohnungsw. u. sonst. unt.-bez. DL.	DL d. Gesundh.-, Vet.- u. Sozialw., Erz.- u. Unterr.-DL, Entsorg.leist.	DL. d. öff. Verw., Verteid., SV, DL v. Kirchen, Kultur-DL, DL. priv. HH	Σ Vorleistungen der Produktionsbereiche aus regionaler Produktion	Endnachfrage (priv. u. öffentl. Verbrauch, Invest., Exporte in in- und ausländische Regionen)	Produktionswert
7	8	9	10	11	12	13	14	15
644	0	7	21	16	36	1 074	1 538	2 612
139	65	264	152	199	122	6 472	16 012	22 484
129	684	400	93	254	71	16 813	40 576	57 389
18	206	50	11	26	20	3 313	9 076	12 389
47	367	634	108	157	245	31 165	102 335	133 500
97	190	262	444	201	104	4 458	15 056	19 513
2 242	0	194	1	257	48	2 908	12 172	15 080
18	348	151	968	238	178	2 183	13 970	16 154
711	481	7 771	610	690	449	15 415	53 841	69 255
956	1 242	4 530	24 822	1 983	1 149	44 095	94 910	139 005
34	26	196	391	1 495	197	2 761	40 474	43 235
62	62	276	1 006	257	1 573	4 292	24 232	28 524
5 096	3 671	14 735	28 628	5 771	4 191	134 948	424 193	559 141
241	123	895	2 784	1 458	1 065	8 152	21 241	29 393
4 188	4 194	13 789	19 328	4 694	3 130	100 700		
2 193	1 299	5 250	5 273	1 813	1 083	70 830		
11 718	9 288	34 669	56 012	13 736	9 469	314 630		
3 361	6 866	34 586	82 993	29 499	19 055	244 511		
15 080	16 154	69 255	139 005	43 235	28 524	559 141		

3.2.2 Direkte Impulse für die Europäische Metropolregion München (EMM)

Die von der UniBw M ausgehenden regionalökonomischen Impulse für die EMM basieren einerseits auf den Ausgaben der Universität für Investitionen sowie Sach- und Betriebsmittel und andererseits auf der von Beschäftigten und Studierenden entfalteten Kaufkraft.

Um die Ausgaben der Universität möglichst gut den verschiedenen Wirtschaftszweigen zuordnen zu können, wurden in einem ersten Schritt alle Beschaffungen des Haushaltsjahres 2014 einem der oben bereits erwähnten 71 Produktionsbereichen zugeordnet.[11] Da diese Daten naturgemäß zu Anschaffungskosten vorliegen, die branchenspezifischen Auswirkungen jedoch auf Herstellerkosten beruhen, erfolgte in einem zweiten Schritt ein Übergang zu Herstellerkosten. Dieses Vorgehen beruht auf sogenannten Übergangstabellen der offiziellen Statistik und impliziert zwei Effekte. Erstens werden die Anschaffungskosten um den Posten „Gütersteuern-Gütersubventionen" bereinigt, da diese annahmegemäß nicht (jedenfalls nicht direkt) den Produktionsbereichen zugutekommen. So reduziert sich beispielsweise das ursprüngliche Beschaffungsvolumen für Investitionsgüter (incl. Bauten) in Höhe von nahezu 34 Millionen Euro (zu Anschaffungskosten) auf ein Volumen von rund 28 Millionen Euro (zu Herstellerkosten), das die Leistungsersteller nach Abzug der Gütersteuern erhalten. Zweitens werden im Zuge des Übergangs Handels- und Transportleistungen herausgerechnet und explizit den Sektoren Einzelhandel, Großhandel, Verkehr und Logistik zugeordnet. Ohne diese Korrektur würden die Effekte für das produzierende Gewerbe tendenziell über- und für Handel und Verkehr unterschätzt.

Die sektorale Zuordnung der Kaufkraft basiert für die Beschäftigten auf bundesweiten Statistiken zum privaten Konsum von Gebrauchsgütern. Im Falle der studentischen Kaufkraft gehen zudem Daten des Deutschen Studentenwerks sowie die Ergebnisse einer Befragung der Studierenden in die Analyse ein.

Investitionen

Das Beschaffungsvolumen der UniBw M für *Investitionen* belief sich im Jahr 2014, wie oben bereits erwähnt, abzüglich Gütersteuern auf ca. 33 Millionen Euro. Davon entfielen ca. 55% (18,2 Millionen Euro) auf die Erstellung bzw. Renovierung von Bauten. Der Rest

---

[11] An dieser Stelle bedanken wir uns beim Kanzler der UniBw M, Herrn Siegfried Rapp, für den Zugang zu den Buchungen und Herrn Simon Störmann für die gewissenhafte Aufbereitung der Daten (Störmann 2015).

verteilt sich auf Investitionen im IT-Bereich (4 Millionen Euro), Maschinen und Gerätschaften (2,9 Millionen Euro) sowie sonstige Ausgaben (z. B. für Fahrzeuge oder Büroausstattung). Die Struktur der gesamten Ausgaben wird in Abbildung 3.1 durch den äußeren Kreis dargestellt.

Die unter Berücksichtigung von Größe und Wirtschaftsstruktur der EMM, die in Form regionaler Quotienten auch in die Erstellung der regionalen Input-Output-Tabelle einfließt (siehe Anhang A2), errechnet sich ein durchschnittlicher regionaler Anteil der Investitionsausgaben von 27%. D. h. Unternehmen mit Standort innerhalb der EMM partizipieren mit etwas mehr als 9 Millionen Euro an den Investitionsausgaben der Universität.[12] Die Struktur, dargestellt durch den inneren Kreis in Abbildung 3.1, verschiebt sich dabei leicht zugunsten von Investitionsgütern aus dem IT-Sektor. Dies ist insbesondere auf die hohe Zahl regionaler Unternehmen aus dem IT-Bereich zurückzuführen.

Abbildung 3.1 Volumen und Struktur der gesamten (äußerer Kreis) und regional wirksamen (innerer Kreis) Investitionen der UniBw M, Beschriftungen in Millionen Euro

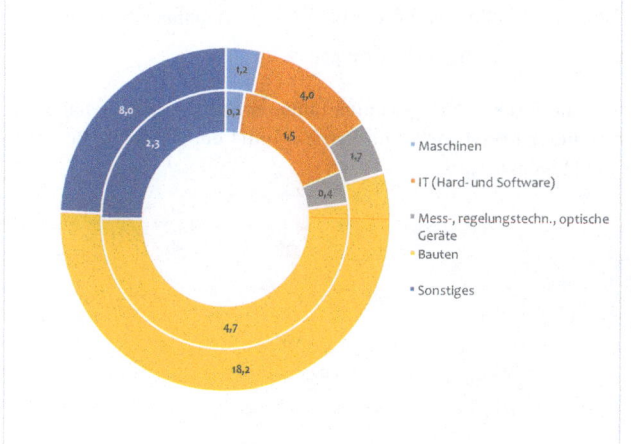

Quelle: Störmann 2015 (Struktur der Ausgaben für Investitionsgüter insgesamt), eigene Berechnungen (Struktur der regional wirksamen Ausgaben)

Sach- und Betriebsmittel

Die Höhe der gesamten *Sach- und Betriebsmittel* der UniBw M lagen im Jahr 2014 (wiederum nach Abzug der Gütersteuern) bei rund 16,5 Millionen Euro. Wie bei Unternehmen vergleichbarer Größe fließt ein Großteil (7,7 Millionen Euro) dieser Ausgaben in

---

[12] Multiplikative Effekte bleiben an dieser Stelle noch unberücksichtigt.

Ver- und Entsorgungsleistungen. Der überwiegende Teil der übrigen Mittel wird für *Unternehmensbezogene Dienstleistungen* ausgegeben (5,9 Millionen Euro). Diese umfassen sowohl einfache Leistungen, wie z. B. Reinigungs- und Sicherheitsdienste, als auch komplexe Beratungsdienste etwa von Ingenieurbüros oder Anwaltskanzleien. Übrig bleiben Ausgaben in Höhe von 3,0 Millionen Euro für fremde Forschungs- und Entwicklungsleistungen, Wartungs- und Reparaturarbeiten sowie sonstige Leistungen (z. B. Bürobedarf) (vgl. äußerer Kreis der Abbildung 3.2).

Naturgemäß werden vor allen Dingen Ver- und Entsorgungsleistungen sowie ein Großteil der einfachen Unternehmensbezogenen Dienstleistungen von regional ansässigen Unternehmen erbracht. Hieraus folgt zum einen ein insgesamt höherer Anteil der regionalen Leistungserstellung – im vorliegenden Fall liegt die regionale Leistungserstellung bzgl. der Sach- und Betriebsmittel bei rund 8,7 Millionen Euro und der Anteil bei ca. 53% – und zum anderen eine Verschiebung der regionalen Struktur bereitgestellter Sach- und Betriebsmittel zugunsten der Energie- und Wasserversorgung bzw. diverser Entsorgungsleistungen. Wie im inneren Kreis von Abbildung 3.2 dargestellt, entfallen im vorliegenden Fall mit 5,9 Millionen Euro etwa 70% der regional erstellten Sach- und Betriebsmittel auf Ver- und Entsorgungsleistungen.

Abbildung 3.2 Volumen und Struktur der gesamten (äußerer Kreis) und regional wirksamen (innerer Kreis) Sach- und Betriebsmittel der UniBw M, Beschriftungen in Millionen Euro

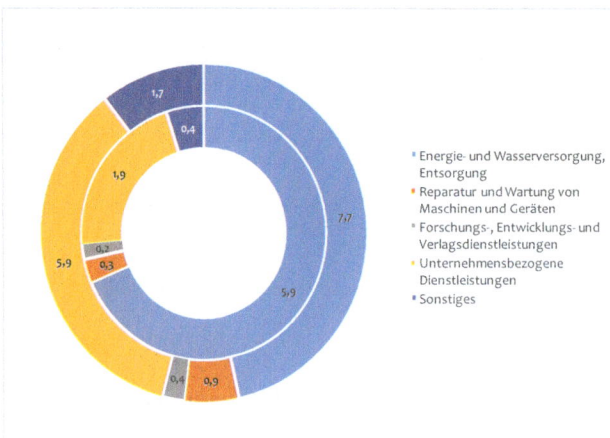

Quelle: Störmann 2015 (Struktur der Sachausgaben insgesamt), eigene Berechnungen (Struktur der regional wirksamen Ausgaben)

Kaufkraft der Beschäftigten

Investitionen sowie Sach- und Betriebsmittel stellen zwar einen wichtigen Teil der Ausgaben einer Universität dar, sie fallen jedoch in der Regel geringer aus als die Personalaufwendungen (Kowalsksi und Schaffer 2012). Die UniBw M stellt hier keine Ausnahme dar. Alleine der zivile Bereich zählte im Jahr 2014 annähernd 1300 Mitarbeiter, darunter etwa 770 wissenschaftliche Mitarbeiter und Professoren. Hinzu kommen etwas mehr als 100 militärische Mitarbeiter im Studierendenbereich, die die Studierenden während ihrer Zeit an der Universität begleiten und das Bindeglied zwischen der zivilen Ausbildung durch die Universität und der Offiziersausbildung darstellen.[13] Die mit der Beschäftigung der zivilen und militärischen Mitarbeiter verbundenen Personalaufwendungen beliefen sich im Jahr 2014 auf etwas mehr als 76 Millionen Euro.

Diese Aufwendungen sind jedoch keinesfalls gleichzusetzen mit der zur Entfaltung kommenden Kaufkraft der Beschäftigten. Neben den Personalzusatzkosten (in Höhe von durchschnittlich 23,5% der Bruttolöhne), sind von den Mitarbeitern Steuern und Abgaben zu entrichten, so dass schon die verfügbaren Einkommen deutlich unter den Personalaufwendungen liegen.[14] Abzüglich der Ersparnis und den Auszahlungen an Mitarbeiter mit Wohnsitz außerhalb der EMM verbleiben schließlich rund 31 Millionen Euro, die die Beschäftigten mit Wohnsitz in der EMM jährlich für Konsumzwecke ausgeben. Werden typische Konsummuster angenommen, so entfällt mit 36% der größte Teil hiervon auf den Bereich Wohnen, der neben (kalkulatorischen) Mietaufwendungen auch Wohnnebenkosten sowie Anschaffung von Möbel und Gartengeräten beinhaltet. Mit jeweils zweistelligen Anteilen folgen Ausgaben für Ernährung (14%), Verkehr und Kommunikation (14%) sowie Freizeit, Unterhaltung und Kultur (10%). Etwa 5% der Konsumausgaben entfallen auf den Bereich Kleidung. Die übrigen 22% entfallen auf alle anderen Bereiche, darunter Finanzdienstleistungen, Gesundheits- oder Ausbildungsleistungen (Statistisches Bundesamt 2015). Dieses Konsummuster findet seine Entsprechung im äußeren Kreis von Abbildung 3.3. Wie schon bei den Sach-, Betriebs- und Investitionsmittel wird nur ein Teil der Ausgaben in der EMM wirksam. Im vorliegenden Fall ergibt sich unter Zuhilfenahme der regionalen Wirtschaftsstruktur ein Anteil von etwa 48%. Dieser Anteil wird wesentlich von Verwendungen in den Bereichen Wohnen und Freizeit bestimmt, die zusammen rund 62% der regional wirksamen Ausgaben ausmachen. Die

---

[13] Da die militärischen Mitarbeiter ebenso wie das zivile Personal eine Kaufkraft entfalten, werden beide Gruppen in der Folge gemeinsam berücksichtigt.
[14] Es ist anzunehmen, dass zumindest ein Teil der Abgaben in der EMM verbleibt bzw. in die Region zurückfließt. In diesem Fall erhöht sich der durch die Universität ausgelöste konjunkturelle Impuls.

Bereiche Ernährung, Bekleidung und sonstiger Konsum fallen dagegen gegenüber der Gesamtbetrachtung weniger ins Gewicht (vgl. innerer Kreis von Abbildung 3.3).

Abbildung 3.3 Volumen und Struktur der gesamten (äußerer Kreis) und regional wirksamen (innerer Kreis) Kaufkraft der Beschäftigten der UniBw M, Beschriftungen in Millionen Euro

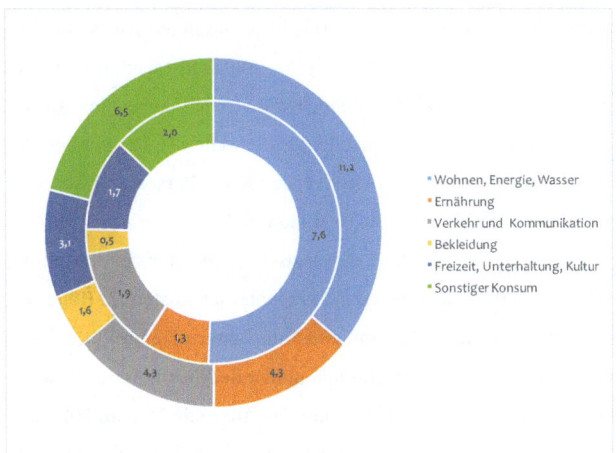

Quelle: eigene Berechnungen

Kaufkraft der Studierenden

Investitionsausgaben, Sach-und Betriebsmittel sowie Kaufkraft der Beschäftigten sind typische Impulse, die nicht nur von wissenschaftlichen Einrichtungen, sondern auch von Unternehmen und öffentlichen Betrieben ausgehen. Einen zusätzlichen Impuls erfährt die Konjunktur im Falle von Universitäten aber durch die Entfaltung einer nicht zu unterschätzenden *studentischen Kaufkraft*. Dies gilt insbesondere da der Großteil der Studierenden als Offiziersanwärter ein Einkommen als Fähnrich, Oberfähnrich oder Leutnant bezieht.[15]

Während sich die Einkommen relativ gut abschätzen lassen (insgesamt kann von jährlich ausgezahlten Bruttolöhnen an die Studierenden in Höhe von 70,5 Millionen Euro ausgegangen werden[16]), ist a priori nicht klar, wie die jungen Offiziersanwärter ihr Geld ausgeben. Einerseits verfügen die jungen Offiziersanwärter in der Regel über er-

---

[15] Da der Großteil der hiesigen zivilen Studierenden einen Ausbildungsvertrag mit einem Unternehmen hat, erzielt auch diese Gruppe ein Einkommen. Dieses liegt jedoch zumeist unter den Einkommen der Offiziersanwärter.
[16] Alle Rechnungen beziehen sich auf rund 2.500 im Juni 2014 immatrikulierte Studierende.

heblich höhere Einkommen als Studierende an anderen Hochschulen, so dass sich ihr Konsummuster an dem junger Erwerbstätiger orientieren könnte. Andererseits leben die Offiziersanwärter in Ihrer Zeit an der UniBw M letztlich ein normales Studentenleben. Ihr Konsummuster könnte sich also durchaus auch am Konsum von Normalstudierenden orientieren.

Wir nähern uns dieser Problematik, indem eine maximale und eine minimale Kaufkraftentfaltung der Studierenden ermittelt wird. Erstere unterstellt Konsummuster von jungen erwerbstätigen Erwachsenen (die jedoch deutlich geringere Wohnkosten haben). Letztere geht von den deutlich geringeren Konsumausgaben gemäß eines Normalstudierenden aus. In diesem Fall würde ein deutlich größerer Teil der verfügbaren Einkommen gespart. In beiden Fällen ist zu beachten, dass ein Großteil der Studierenden frei auf dem Campus wohnen kann. Die Ausgaben für den Bereich Wohnen fallen daher anteilig erheblich weniger ins Gewicht.

Die obere Grenze der Kaufkraftentfaltung ergibt sich als Differenz zwischen den ausgezahlten Bruttolöhnen und den Abgaben, Steuern sowie einer durchschnittlichen Verwendung der Einkommen zu Sparzwecken (9%). In diesem Fall liegt die Kaufkraft der Studierenden bei einem Volumen von ca. 34,4 Millionen Euro, wovon rund 13,5 Millionen Euro regional wirksam werden. Der deutlich geringere regionale Anteil in Höhe von 39% gegenüber einer Quote von 48% bei den Beschäftigten resultiert aus den geringen Ausgaben für den aus regionaler Sicht bedeutsamen Bereich *Wohnen, Energie, Wasser*. Aus Abbildung 3.4 (äußerer Kreis) wird ersichtlich, dass für diesen Bereich nur etwa 2,1 Millionen Euro verwendet werden (etwa 6% der gesamten Ausgaben im Vergleich zu einem Anteil von 36% für die Beschäftigten). Demgegenüber stehen deutlich höhere Ausgabenanteile für die Bereiche Verkehr und Kommunikation (21% im Vergleich zu 14%), Freizeit und Unterhaltung (18% im Vergleich zu 14%) sowie Kleidung (9% im Vergleich zu 5%). Die Verteilung der regional wirksamen Ausgaben ist durch den inneren Kreis der Abbildung dargestellt.

Abbildung 3.4 Volumen und Struktur der gesamten (äußerer Kreis) und regional wirksamen (innerer Kreis) Kaufkraft der Studierenden der UniBw M, Beschriftungen in Millionen Euro, maximale Kaufkraft

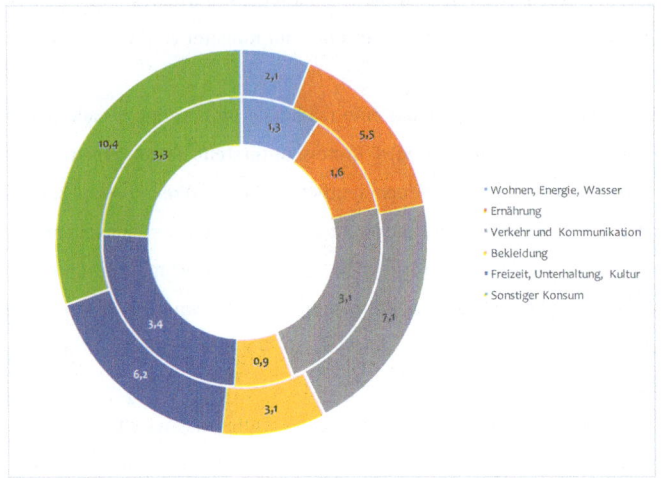

Quelle: eigene Berechnungen

Die untere Grenze der Kaufkraft leitet sich aus Daten des Studentenwerkes der Studierenden zu Ihrem Konsumverhalten ab. Demnach geben Studierende in München rund 900 Euro pro Monat aus. Überträgt man diese Ausgaben auf die Studierenden der UniBw M sinkt die errechnete Kaufkraft um 7,4 auf insgesamt etwa 27,0 Millionen Euro.[17] Da sich die Kürzungen nicht proportional auf die Konsumbereiche verteilen – Ausgaben für Ernährung sinken z. B. weniger stark als Ausgaben für Freizeit und Unterhaltung – ergibt sich eine geringfügige Abweichung bei der Struktur der Ausgaben (siehe Abbildung A2 im Anhang). Der regionale Anteil verändert sich jedoch kaum (+0,1%) und bleibt bei knapp über 39%. Somit entfalten die Studierenden in diesem Fall eine regional wirksame Kaufkraft in Höhe von 10,6 Millionen Euro.

Unter Berücksichtigung von Investitionen, Sach- und Betriebsmittel sowie einer sich entfaltenden Kaufkraft von Beschäftigten und Studierenden, kann somit von einem di-

---

[17] Möglicherweise ist dieser Wert noch immer zu hoch gegriffen, denn unterstellt man gleiche Konsummuster von Offiziersanwärtern und Studierenden anderer Münchner Hochschulen, müssten die deutlich höheren Aufwendungen für den Bereich Wohnen aus den 900 Euro herausgerechnet werden. Da die hiesigen Studierenden aber gleichzeitig höhere Aufwendungen für verkehrliche Zwecke haben, ziehen wir die untere Grenze bei dieser Größenordnung. Vieles spricht dafür, dass die tatsächlichen Ausgaben der Studierenden irgendwo innerhalb des ausgewiesenen Korridors liegen.

rekten regionalen konjunkturellen Impuls in Höhe von mindestens 41,4 und maximal 44,3 Millionen Euro pro Jahr ausgegangen werden. Dieser Impuls setzt, wie in Abschnitt 3.1 ausgeführt (und im Anhang formal dargestellt), einen multiplikativen Prozess in Gang, so dass die Europäische Metropolregion München in der Folge zusätzlich von indirekten Effekten profitiert.

3.2.3 Indirekte Auswirkungen für die Europäische Metropolregion München

Ähnlich wie die direkten sind auch die indirekten Auswirkungen nicht auf die EMM begrenzt. Da aber als Impuls nur die regional wirksamen direkten Effekte und zur Herleitung der multiplikativen Effekte die regionalisierte Input-Output-Tabelle zur Anwendung kommen, lassen sich die regional wirksamen indirekten Impacts unter Verwendung von Gleichung A1.6 im Anhang einfach berechnen. Diese liegen zwischen 3,9 Millionen Euro im Fall der Investitionen und etwa 5,6 Millionen Euro bezogen auf die maximale Kaufkraft der Studierenden (Abbildung 3.5). Je nachdem ob von der minimalen oder der maximalen Kaufkraft der Studierenden ausgegangen wird, liegt der durch die UniBw M ausgelöste indirekte und regional wirksame Effekt bei etwa 17,5 bzw. 18,7 Millionen Euro.

Abbildung 3.5 Regional wirksame direkte und indirekte Effekte in Millionen Euro

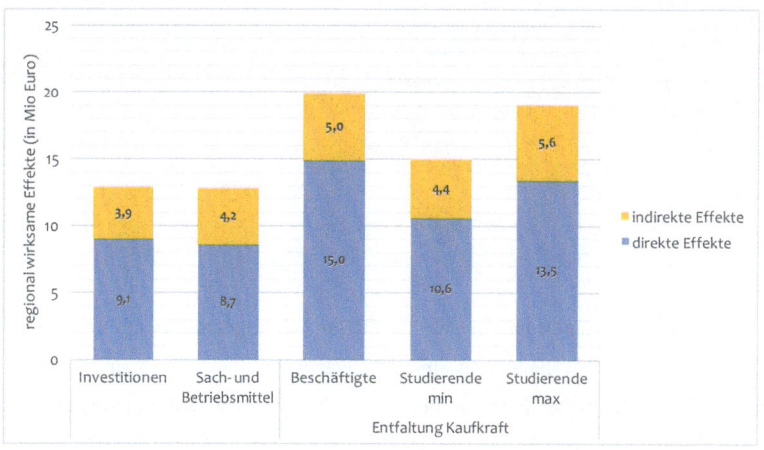

Quelle: eigene Berechnungen

Die regionale Input-Output-Analyse ermöglicht nicht nur die Identifikation der direkten und indirekten Effekte für die EMM, sondern sie verteilt diese auch auf die einzelnen

Branchen. Aufgrund der hohen Ausgaben für die Bereich *Wohnen, Energie, Wasser* sind die aus sektoraler Sicht größten Profiteure mit den Produktionsbereichen *Elektrizität und Fernwärme* sowie *Grundstücks- und Wohnungswesen* schnell gefunden. Auf beide Bereiche entfallen regional wirksame Ausgaben von 7,9 bzw. 7,4 Millionen Euro.[18] Dahinter reihen sich, wie in Abbildung 3.6 dargestellt, entweder regional starke Industrien und Dienstleister oder aber allgemein wichtige Handels- und Versorgungsleistungen ein. Von der spezifischen Ausgabenstruktur der Universität bzw. der Studierenden profitieren außerdem die Bereiche *Vorbereitende Baustellenarbeiten, Hoch- und Tiefbauarbeiten, Kultur-, Sport-, Unterhaltungsdienstleistungen* sowie *DL der Datenverarbeitung und von Datenbanken*.

Abbildung 3.6 Regional wirksame direkte und indirekte Effekte nach Produktionsbereichen (in Millionen Euro)

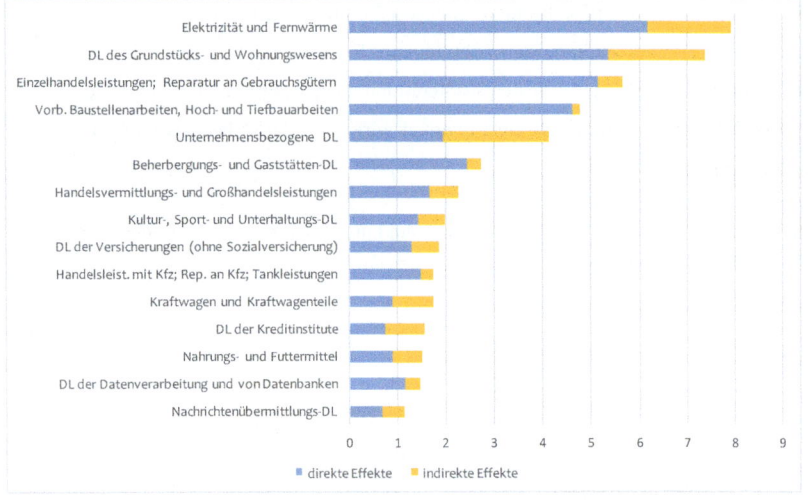

Quelle: eigene Berechnung

Auf alle nicht aufgeführten Branchen entfallen Effekte von insgesamt jeweils unter einer Million Euro pro Jahr. Erwähnenswert sind mit Blick auf die Investitions- und Sachausgaben der Universität sicher noch die Produktionsbereiche *Datenverarbeitungsgeräte,*

---

[18] Diese Sektoren profitieren nicht nur von den hohen Energieausgaben der Universität und den Mietzahlungen der Beschäftigten, sondern auch von der Bedeutung beider Konsumkategorien in Bezug auf die einkommensbasierten keynesianischen Effekte.

Maschinen sowie *Mess-, regelungstechnische und optische Erzeugnisse,* auf die zusammen immerhin fast 1,5 Millionen Euro entfallen.

3.2.4 Beschäftigungswirkungen für die EMM

Direkte und indirekte Auswirkungen auf die bereichsweisen Produktionswerte bleiben für sich genommen eher abstrakte Größen. Bedeutung wird ihnen zuteil, wenn sich aus ihnen Impulse für die regionalen Haushaltseinkommen oder die Beschäftigung ergeben. Im Folgenden wird daher unter Verwendung branchenspezifischer Produktivitätsniveaus eine grobe Abschätzung möglicher Beschäftigungseffekte vorgenommen.

Die Rechnungen deuten darauf hin, dass durch direkten und indirekten Effekt die Sicherung von etwa 550 Vollerwerbsstellen in der EMM verbunden ist. Damit hätte im Jahr 2014 jeder der damals rund 1.400 Mitarbeiter der UniBw M im Durchschnitt zur Sicherung von etwa 0,4 sonstigen Erwerbsstellen beigetragen.

Diese Zahl stellt natürlich nur eine grobe Berechnung dar. Einerseits könnte die Zahl zu hoch gefasst sein, denn Veränderungen in der sektoralen Struktur und ein beständiges Produktivitätswachstum wirken sich im Allgemeinen schmälernd auf den Beschäftigungsimpuls aus. Andererseits basiert die obige Kalkulation nur auf Beschäftigungseffekten, die sich aus dem konjunkturellen Impuls ergeben. Aus- und Neugründungen, die mit den Forschungsaktivitäten der UniBw M in Verbindung gebracht werden können, bleiben dagegen unberücksichtigt. Tatsächlich weist eine umfassendere Impact-Analyse für alle wissenschaftlichen Einrichtungen der Europäischen Metropolregion München einen deutlich höheren Beschäftigungsimpuls je Mitarbeiter im Wissenschaftsbereich aus (Astor et al. 2010, S. 6). Auch wenn die Ergebnisse beider Studien nicht direkt miteinander vergleichbar sind, kann die Sicherung von 540 Arbeitsplätzen (außerhalb des Universitätsbetriebes) als Ergebnis einer eher konservativen Berechnung gesehen werden.

3.2.5 Konjunkturelle Impulse für die Gemeinden Neubiberg, Ottobrunn und Unterhaching

Wie bereits ausführlich in Kapitel 2 beschrieben, liegt die UniBw M nicht mehr innerhalb des Münchener Stadtgebiets, sondern etwas südlich davon auf dem Gebiet der Gemeinde Neubiberg. Damit stellt sich natürlich die Frage, welche konjunkturellen Impulse von der Universität auf ihre Heimatgemeinde ausgehen.[19] So verständlich das Interesse an einer Abschätzung lokaler Effekte auch sein mag, die enge räumliche Abgrenzung lässt hierzu keine verlässliche Aussage zu. Zu sehr könnten Effekte durch einmalige Aufträge verzerrt werden. Um dennoch eine erste grobe Schätzung vornehmen zu können, wird der Untersuchungsraum um die angrenzenden Gemeinden Ottobrunn und Unterhaching erweitert.

Die Abschätzung beruht zum einen auf Daten der Universität und zum anderen auf der Bevölkerungsgröße und Wirtschaftsstruktur der Gemeinden. Mit Blick auf die Ausgaben der Universität zeigt sich, dass erwartungsgemäß ein hoher Anteil der Betriebsmittel an Firmen aus den betrachteten Gemeinden fließt. Zu nennen sind hier insbesondere Aufwendungen von mehr als 1,8 Millionen Euro für Entsorgungs- und Reinigungsleistungen (nach Abzug der Gütersteuern).[20] Hinzu kommen Ausgaben für Sachmittel in Höhe von rund 0,4 Millionen Euro sowie Investitionen von nahezu 0,6 Millionen Euro. Der Löwenanteil entfällt hierbei auf wissenschaftliche und technische Dienstleistungen bei den Sachausgaben sowie Bauleistungen bzw. Datenverarbeitungsgeräte und IT bei den Investitionen (vgl. Tabelle 3.2). Ohne Berücksichtigung der Kaufkraft von Beschäftigten und Studierenden flossen somit im Jahr 2014 rund 3 Millionen Euro von den Ausgaben der Universität für Sach- und Betriebsmittel sowie für Investitionen in die direkt umliegenden Gemeinden. Dies entspricht einem Anteil von rund 6% der insgesamt konjunkturell wirksamen Ausgaben aus diesem Bereich.

Im Gegensatz zur lokalen Beschaffung von Entsorgungs- und Reinigungsleistungen, die dem üblichen Muster entspricht, spiegelt insbesondere der vergleichsweise hohe Anteil an lokal bezogenen IT-Leistungen und mit Abstrichen auch der relativ hohe Anteil an Wissens- und technischen Dienstleistungen durchaus die hohe Bedeutung lokaler datenverarbeitender und informationstechnologischer Unternehmen wider (Hagemann et al. 2011, Rukwid und Christ 2011).

---

[19] Tatsächlich gehen mehr als nur konjunkturelle Impulse von der Universität auf die umliegenden Gemeinden aus. Diese werden jedoch separat an späterer Stelle erörtert.
[20] Auch Strom und Wärme kommt von Anbietern aus dem näheren Umfeld der Universität, jedoch nicht aus den direkt umliegenden Gemeinden. Die entsprechenden Aufwendungen bleiben an dieser Stelle daher unberücksichtigt.

Tabelle 3.2 Konjunkturelle Impulse für die Gemeinden Neubiberg, Ottobrunn und Unterhaching (in Millionen Euro)

	Aufwendungen (in Millionen Euro)	Anteil an regional wirksamen Ausgaben für EMM	Anteile an gesamten konjunkturell wirksamen Ausgaben
Investitionen	0,59	6,5%	1,8%
darunter			
Datenverarbeitungsgeräte und IT	0,23		
Bauleistungen	0,22		
Sachmittel und Betriebsmittel	2,38	27,5%	14,2%
darunter			
Wissens- und techn. Dienstleistungen	0,19		
Gebäudereinigung	1,41		
Entsorgungsleistungen	0,43		
Ausgaben insgesamt	2,97	16,7%	6,0%

Quelle: Störmann 2015

Während die Zuordnung der direkten Ausgaben auf die enger gefasste Region anhand der Buchungen vergleichsweise gut nachvollziehbar ist, gestaltet sich dies bei der Entfaltung der Kaufkraft als schwierig. Da nur rund 10% der Beschäftigten in einer der drei betrachteten Gemeinden wohnt und zudem München als nahgelegenes Oberzentrum einen Großteil der Kaufkraft auch der lokal beheimateten Beschäftigten anziehen wird, ist in den meisten Konsumbereichen mit einem Anteil der lokal wirksamen Effekte von weniger als 10% zu rechnen.

Ähnlich verhält es sich bei den Studierenden. Obwohl diese mehrheitlich auf dem Campus wohnen, und somit in der Regel in Neubiberg gemeldet sind, wird vermutlich nur ein verhältnismäßig kleiner Anteil der regional wirksamen Konsumausgaben lokal verausgabt. Dabei dürfte es sich insbesondere um den Kauf von Nahrungsmittel handeln.

Eine genaue Abschätzung der sich lokal entfaltenden Kaufkraft ist, wie bereits angedeutet, nicht möglich. Es ist vermutlich fair anzunehmen, dass bei den Beschäftigten wenigstens 5% der Ausgaben lokal wirksam werden. Nimmt man für die Mindest- bzw. maximale Kaufkraft der Studierenden eine ähnliche Quote an, so wäre mit lokal zuordenbaren Ausgaben zwischen 2,9 und 3,3 Millionen Euro zu rechnen.

In der Summe ergeben sich für die Gemeinden Neubiberg, Ottobrunn und Unterhaching durch die Universität induzierte und lokal wirksame Ausgaben in einer Größenordnung von 6 Millionen Euro jährlich. Indirekte Effekte, wie sie für die EMM berechnet wurden, lassen sich aufgrund der fehlenden sektoralen Verflechtungsmatrix nicht berechnen und bleiben unberücksichtigt.

3.3 Fazit

Die UniBw M zählt mit 1.400 Mitarbeitern und rund 2.500 Studierenden zwar eher zu den kleineren Universitäten der EMM. Dennoch gehen von den universitätsbezogenen Ausgaben für Investitionen, Sach- und Betriebsmittel sowie der Kaufkraft von Beschäftigten und Studierenden wichtige konjunkturelle Impulse für die umliegenden Gemeinden und die EMM aus. Abbildung 3.7 fasst die wichtigsten Kennzahlen nochmals zusammen.

Abbildung 3.7 Regionalökonomische Effekte durch die UniBw M (Millionen Euro)

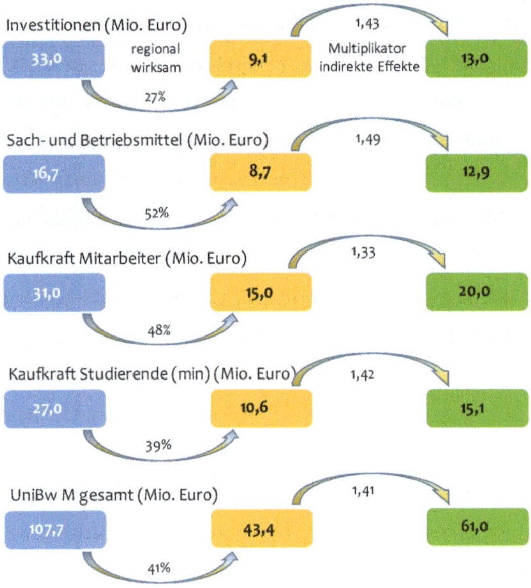

Kategorie	Ausgangswert	regional wirksam (%)	regional wirksam	Multiplikator	indirekte Effekte
Investitionen (Mio. Euro)	33,0	27%	9,1	1,43	13,0
Sach- und Betriebsmittel (Mio. Euro)	16,7	52%	8,7	1,49	12,9
Kaufkraft Mitarbeiter (Mio. Euro)	31,0	48%	15,0	1,33	20,0
Kaufkraft Studierende (min) (Mio. Euro)	27,0	39%	10,6	1,42	15,1
UniBw M gesamt (Mio. Euro)	107,7	41%	43,4	1,41	61,0

Quelle: eigene Berechnung

Die Ausgangswerte in der linken Spalte weisen die insgesamt getätigten Ausgaben für Investitionen sowie Sach- und Betriebsmittel zu Herstellerkosten (Anschaffungspreise abzüglich Gütersteuern) sowie die entfaltete Kaufkraft der Mitarbeiter und Studierenden aus. Der insgesamt wirksame Effekt in Höhe von 107,7 Millionen Euro ist aus verschiedenen Gründen nicht vergleichbar mit dem Budget der Universität. Auf der einen Seite ist nur ein Teil des Budgets konjunkturell wirksam. Investitionen und Sachausgaben werden z. B. nur in Höhe der Herstellerkosten bewertet und Personalaufwendung beinhalten konjunkturell unwirksame Personalzusatzkosten. Andererseits entfalten die Studierenden eine Kaufkraft, die nicht im Budget der Universität enthalten ist.

Die Werte der mittleren Spalte spiegeln den regional wirksamen Teil der Ausgangswerte wider. Die ermittelten regionalen Quoten liegen zwischen 27% bei den Investitionen und 53% bei den Sach- und Betriebsmittel. Die hohe Quote erklärt sich insbesondere aus der regionalen Energieversorgung sowie diversen Entsorgungs- und Reinigungsleistungen. In der Summe geht somit jährlich von der UniBw M ein regional wirksamer direkter Impuls in Höhe von ca. 43,3 Millionen Euro aus.

Der Impuls stößt einen multiplikativen Prozess an, der zusätzlich zu den direkten auch indirekte Effekte für die Region generiert. Die gesamten regional wirksamen indirekten Effekte liegen unter Berücksichtigung von Produktions- und Einkommenseffekten bei etwa 17,6 Millionen Euro. Zwar ist anzunehmen, dass ein Großteil der indirekten Effekte zeitnah realisiert wird, insgesamt verteilt sich dieser Effekt aber auf mehrere Jahre.

Die Werte der dritten Spalte zeigen die Summe aus direktem und indirektem Effekt. Die ausgewiesenen Multiplikatoren markieren die Relation dieser Summe zu den direkten regional wirksamen Effekten.

Die regionalen Quoten und die Multiplikatoren befinden sich im Vergleich mit anderen Studien eher am unteren Ende des üblichen Korridors.[21] Dies ist hauptsächlich dem methodischen Vorgehen zur Generierung der regionalen Input-Output-Tabelle geschuldet. Die dazu vollzogene gleichzeitige Einbeziehung der Größe der Region sowie der relativen Bedeutung von produzierendem *und* beliefertem Sektor (vgl. Anhang A2) führt im Allgemeinen zu deutlich geringeren Multiplikatoren gegenüber traditionellen, meist auf den Anteil des produzierenden Sektors ausgelegten Schätzungen (Lindberg 2010).[22] Welches Vorgehen dem „wahren" Multiplikator näher kommt, kann abschließend nicht beantwortet werden. Ein Großteil der Literatur zu regionalen Input-Output-Multiplikatoren geht aber mittlerweile davon aus, dass das traditionelle Vorgehen zu

---

[21] Astor et al. (2010, S. 58) kalkulieren im Rahmen einer Impact Analyse wissenschaftlicher Einrichtungen im Raum München beispielsweise mit einer Regionalquote von ca. 60% bezogen auf die EMM.

[22] Lindberg (2010, S. 19) konnte beispielsweise zeigen, dass bezogen auf Ausgaben des Agrarsektors in schwedischen Regionen der Multiplikator beim Übergang von der traditionellen auf die hier durchgeführte Berechnung von 2 auf 1,3 fällt.

einer Überschätzung der tatsächlichen Effekte führt (z. B. Flegg et al. 1995, Oosterhaven und Stelder 2002, de Mesnard 2007).

Auch wenn die ausgewiesenen regionalen Impulse durchaus beachtlich sind, verteilen sie sich auf alle Regionen innerhalb der EMM. Welche konjunkturelle Belebung von der Universität auf die umliegenden Gemeinden Neubiberg, Ottobrunn und Unterhaching ausgeht, lässt sich daher nur grob abschätzen. Die in Abschnitt 3.2.5 skizzierten Berechnungen deuten aber daraufhin, dass im Jahr 2014 etwa 6 Millionen Euro in die umliegenden Gemeinden Neubiberg, Ottobrunn und Unterhaching geflossen sind. Unberücksichtigt bleiben dabei diverse, durch die UniBw M ausgelöste, fiskalische Effekte, die insbesondere der Gemeinde Neubiberg zugutekommen.

4 UniBw M als regionaler Impulsgeber in der Forschung

Neben Wirkungen auf die lokale Beschäftigung und Wertschöpfung beeinflussen Universitäten ihr regionales Umfeld auch durch die Generierung und Weiterleitung von Wissen. Sie haben eine Antennenfunktion, durch die Wissen von außerhalb der Region in die Region geleitet wird (z. B. durch Kooperationsprojekte oder durch den Wechsel von Mitarbeitern an die Universität). Die Universitäten generieren durch Lehre und Forschung selbst Wissen, welches sie wiederum durch eine Vielzahl von Kanälen in die Region abgeben bzw. zusammen mit Partnern aus der Region in Form von gemeinsamen Projekten generieren. Eine Analyse dieser Rolle lässt sich z.b. anhand von staatlichen Förderzuschüssen, Publikationen oder Patenten durchführen. Publikationen in wissenschaftlichen Zeitschriften sind jedoch häufig noch weit von einer Anwendung entfernt, so dass hier weniger direkte Wirkungen als regionaler Impulsgeber in der Forschung zu erwarten sind. Patentdaten als relativ anwendungsnah eignen sich dagegen prinzipiell gut für solche Analysen. Aufgrund der niedrigen Anzahl von Patenten, die über die UniBw M angemeldet werden, ist die Datenbasis allerdings nicht geeignet für eine tiefergehende Untersuchung. Wir konzentrieren uns daher auf akquirierte Fördermittel aus öffentlichen und privaten Quellen, die ein wichtiges Instrument der Innovationsförderung darstellen. Durch solche Mittel können Ressourcen mobilisiert werden, die zukunftsweisende technologische Neuentwicklungen anstoßen. Fördermitteldaten können sich sowohl auf die Inventions- als auch auf die Innovationsphase beziehen, wobei Fördermittel des BMBF eher inventionsbezogen und Fördermittel des BMWi eher innovationsbezogen sein sollten. Eine Analyse der Fördermittelflüsse ermöglicht eine Beurteilung des Innovationsinputs. Akteure, die viele Mittel akquirieren, sind häufig besonders innovativ, wobei selbstverständlich berücksichtigt werden muss, dass Akteure auch innovativ sein können, ohne gefördert worden zu sein. Dies ist insbesondere in einigen Technologiefeldern ausgeprägt, die traditionell verstärkt über Eigenleistungen forschen. Die Analyse der Fördermittelflüsse kann generell nichts über Nuancen der Forschungs- und Innovationsqualität aussagen, wobei die Mittelgeber grundsätzlich bei der Mittelvergabe auf eine hohe Güte der Projekte achten.

Kapitel 4.1 stellt kurz die Datenbasis und das methodische Vorgehen dar. Hieraus lassen sich die Ergebnisse ableiten, die in Kapitel 4.2 diskutiert werden. Kapitel 4.3. schließt mit einem kurzen Fazit ab.

4.1 Methodisches Vorgehen

Zur Analyse wird auf den Förderkatalog des Bundes zurückgegriffen (www.foerderkatalog.de fortan BMBF 2017). Dieser erfasst die Informationen zur Projektförderung, welche seit den 1960er Jahren durch die Bundesministerien für Bildung und Forschung (BMBF), für Wirtschaft und Energie (BMWi), für Verkehr und digitale Infrastruktur (BMVI), für Umwelt, Naturschutz, Bau und Reaktorsicherheit (BMUB) und für Ernährung und Landwirtschaft (BMEL) gefördert wurden. Zur Analyse stehen mehr als 136.000 abgeschlossene und laufende Vorhaben der direkten und indirekten Projektförderung zur Verfügung. Dabei wird nicht differenziert, ob diese Fördermittel z.B. für Investitionen, Forschungs- und Entwicklungstätigkeiten oder als Kaufanreize für Konsumenten vergeben werden. Die Fördermittel werden somit im vorliegenden Kapitel als Indikator für das allgemeine regionale bzw. organisationale Aktivitätsniveau in spezifischen Technologien gesehen, da zumindest die privatwirtschaftlichen Fördermittelnehmer auch einen Eigenanteil leisten müssen. Somit haben sie einen Anreiz, nur in solche Projekte zu investieren, in denen sie thematisch bereits stark sind oder stark werden wollen. Zuwendungen aus anderen Quellen (z.B. institutionelle sowie die ressortbezogene Forschung des Bundes, EU-Mittel, Landesmittel, DFG-Mittel, Mittel aus privaten Stiftungen, etc.) werden aufgrund mangelnder Datenverfügbarkeit oder geringer Fallzahlen für die Analyse nicht berücksichtigt.

Für die Untersuchung wurden aus dem Förderkatalog alle relevanten Projekte herausgelöst, die zwischen dem 1. Januar 1995 und dem 30. Oktober 2016 gestartet sind. Die Fördermittel eines Projekts wurden komplett den jeweiligen Jahren der Bewilligung zugeordnet. Gefördert werden durch die Bundesregierung sowohl Einzel- als auch Verbundprojekte an denen mindestens zwei oder mehr gleichberechtigte Partner mit eigenständigen Projekten innerhalb des Verbundprojekts partizipieren. Bezüglich der organisationalen und regionalen Zuordnung wurden die ausführenden Stellen als relevante Einheit angenommen, d.h. die Mittel wurden beispielsweise nicht der Fraunhofer Gesellschaft in München zugeordnet, sondern einem Fraunhofer Institut in Holzkirchen, wenn dieses Institut die konkreten Arbeiten durchgeführt hat. Als räumliches Aggregationsniveau der Untersuchung werden unterschiedliche Ebenen genutzt: die Gemeinden Neubiberg, Ottobrunn und Unterhaching, die Europäische Metropolregion München, Regierungsbezirke in Bayern sowie Bundesländer.

Zur Identifikation der relevanten Projekte der UniBw M wurden im Suchfeld „Ausführende Stelle" des Förderkatalogs nach den Begriffen „Bundeswehr" und „Universität der Bundeswehr" gesucht. Zusätzlich wurde im Feld „Gemeinde" nach Neubiberg bzw. Ottobrunn gesucht. Die resultierenden Ergebnisse wurden dann zusammengeführt und bereinigt (u. a. Entfernung von Doppelzählungen). Das Institut für Technik Intelligenter Systeme (ITIS) wurde dabei komplett der UniBw M zugeordnet.

4.2 Ergebnisse

4.2.1 Verteilung der nationalen Fördermittelflüsse in der Region

An die UniBw M flossen im jährlichen Durchschnitt über den Zeitraum zwischen 1995 und 2016 1,228 Mio. Euro aus Mitteln der Bundesministerien. Insgesamt sind über den Zeitraum 27,016 Mio. Euro in die Region geflossen (im Rahmen von 67 Projekten), die sowohl dazu beigetragen haben, neues Wissen zu generieren, aber auch durch Personal- und Investitionsmittel zu direkten und indirekten Nachfrageeffekten geführt haben (siehe Kapitel 3). Ein Großteil der Mittel wurde im Rahmen von Programmen des Bundeswirtschaftsministeriums eingeworben (50 Projekte mit mehr als 21 Mio. Euro Fördermitteln), dahingegen haben das BMBF (15 Projekte, 5,1 Mio. Euro) und das BMVI (2 Projekte, 0,9 Mio. Euro) eine kleinere Rolle gespielt.

Wie aus Abbildung 4.1 zu entnehmen ist, schwankten die Fördermittelflüsse dabei stark zwischen keinen Mitteln in einzelnen Jahren bis hin zu 3,9 Mio. Euro im Jahr 2012. Dies deutet darauf hin, dass einzelne Projekte bzw. einzelne Mitarbeiter / Institute scheinbar eine starke Rolle spielen bei der Akquise von Mitteln. Je stärker sich die Akquise auf viele Akteure verteilen sollte, desto eher sollten sich die Mittelflüsse über die Jahre ausgleichen. Des Weiteren sind die Fördermittelflüsse in den ersten 10 Jahren der Analyse insgesamt niedriger als in der zweiten Hälfte. Tendenziell konnte die Mittelakquise also gesteigert werden.

Abbildung 4.1 Entwicklung der Fördermittel an der UniBw M in Millionen Euro

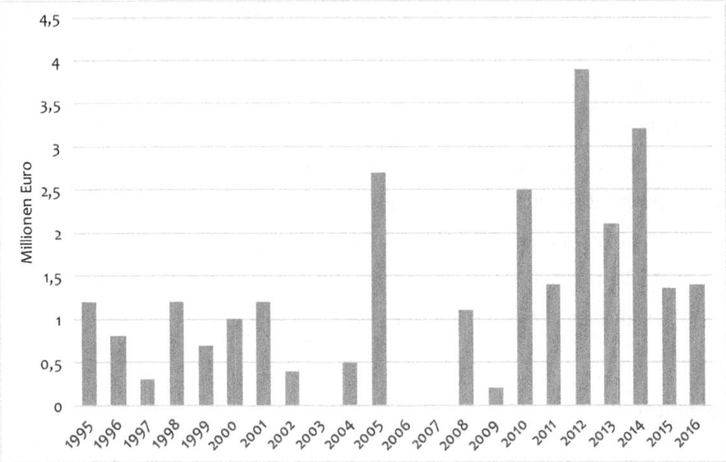

Quelle: eigene Berechnungen, Datenbasis: BMBF 2017

Die UniBw M ist nicht der einzige Empfänger von Fördermitteln in der Gemeinde Neubiberg bzw. in Ottobrunn. Andere Organisationen erhalten ebenfalls in großem Umfang Bundesfördermittel. In der Gemeinde Neubiberg lag der Durchschnitt der Fördermittelzuflüsse bei 13,31 Mio. Euro und in Ottobrunn bei 9,44 Mio. Euro pro Jahr. Auch hier sind – speziell für Ottobrunn – starke jährliche Schwankungen zu erkennen (Abbildung 4.2). Im Gegensatz zur UniBw M und auch der Gemeinde Neubiberg sinkt der Zufluss an Fördermitteln in Ottobrunn zwischen der ersten und der zweiten Hälfte der Untersuchungsperiode. Wenn man davon ausgeht, dass die Gesamtmittel in Deutschland über die Jahre gestiegen sind, hat Ottobrunn hier also deutlich verloren. Die Fördermittelflüsse nach Unterhaching waren im ganzen Zeitraum sehr niedrig. Primär wurden Fördermittel durch den Bau des Geothermie-Kraftwerks gewonnen.

Wenn man sich speziell die Bedeutung der UniBw M in der Region (Gemeinde Neubiberg plus Ottobrunn) ansieht, dann stellt man fest, dass die UniBw M im Schnitt 5% der Fördermittel auf sich vereint (siehe Abbildung 4.3). Von der regionalen Perspektive spielt die Universität hier also eine untergeordnete Rolle bezüglich der gesamten Fördermittelakquise. Allerdings stellt man fest, dass die Bedeutung in den letzten Jahren zugenommen hat.

Abbildung 4.2 Fördermittelflüsse in die Gemeinde Neubiberg (ohne die Universität der Bundeswehr München) und nach Ottobrunn (in Millionen Euro)

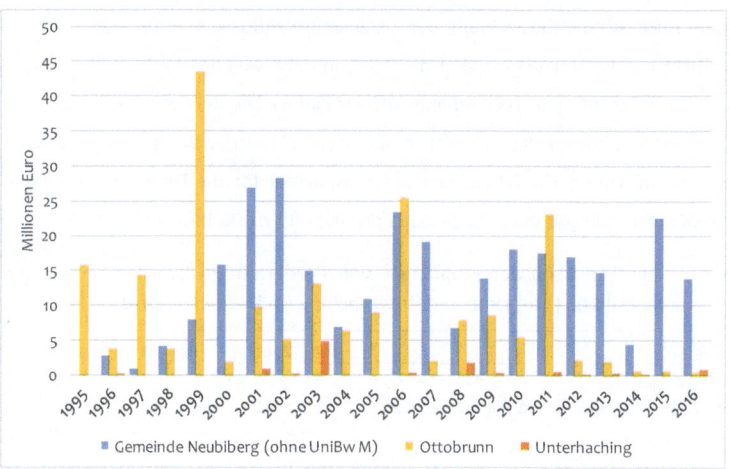

Quelle: eigene Berechnungen, Datenbasis: BMBF 2017

Abbildung 4.3 Anteil der Fördermittel an den gesamten regionalen Fördermitteln

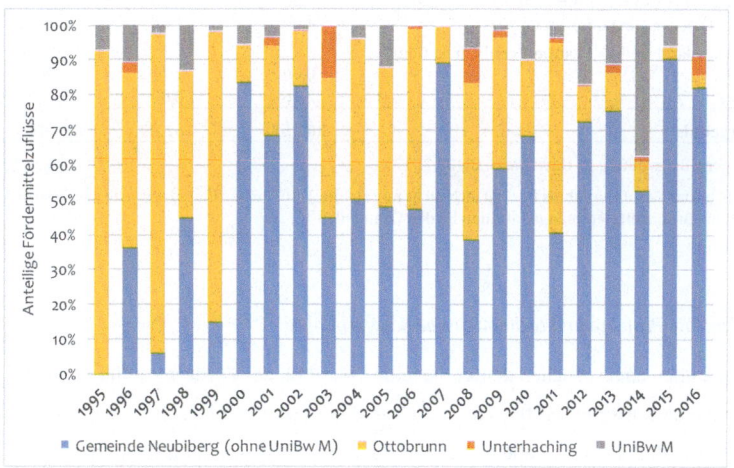

Quelle: eigene Berechnungen, Datenbasis: BMBF 2017

Des Weiteren ergibt sich aus einer Aufstellung der Akteure, die die meisten Fördermittel erhalten haben (siehe Tabelle 4.1), dass die UniBw M an der fünften Stelle kommt. Der auf der regionalen Ebene geringe Anteil resultiert also daher, dass es einige wenige Akteure gibt, die einen Großteil der Fördermittelflüsse auf sich vereinen. Speziell sind dies die Infineon Technologies AG (mit 273,37 Mio. Euro) und die Industrieanlagen-Betriebsgesellschaft mit beschränkter Haftung (mit 110,79 Mio. Euro).

Bei einem Blick auf die Entwicklung der Fördermittelzuflüsse fällt auf, dass der Mittelfluss in Richtung der Universität über die Zeit zunimmt, was bei den Top Five Akteuren sonst nur bei der Infineon Technologies AG der Fall ist. Die Bedeutung der Universität steigt somit im Vergleich zu den anderen Akteuren an. Aus der Darstellung in Tabelle 4.1 lassen sich auch mögliche lokale Kooperationspartner für die Universität ableiten, die augenscheinlich sehr gut in der Lage sind Fördermittel zu akquirieren.

Tabelle 4.1 Top Ten Liste der Empfänger von Fördermitteln aus den Gemeinden Neubiberg, Ottobrunn und Unterhaching (in Millionen Euro)

Organisation	1995-2005	2006-2016	Gesamt
Infineon Technologies AG	117,65	155,72	273,37
Industrieanlagen-Betriebsgesellschaft mit beschränkter Haftung	67,05	43,74	110,79
Airbus Defence and Space GmbH	32,11	20,84	52,95
MTU Friedrichshafen GmbH	16,88	11,32	28,19
UniBw M	9,96	17,05	27,02
Intel Mobile Communications GmbH	3,29	10,45	13,74
AIRBUS HELICOPTERS DEUTSCHLAND GmbH	7,36	0,00	7,36
Geothermie Unterhaching GmbH & Co. KG	4,89	1,06	5,95
Lantiq Deutschland GmbH / Lantiq Beteiligungs-GmbG & Co. KG	0,00	2,71	2,71
Daimler AG	2,36	0,00	2,36
Gesamtergebnis	**261,55**	**262,89**	**524,44**

Quelle: eigene Berechnungen, Datenbasis: BMBF 2017

Nachrichtlich: Das Gesamtergebnis bezieht sich nicht nur auf die Top Ten der Empfängerliste, sondern auf die gesamten Fördermittelempfänger aus den beiden Gemeinden

4.2.2 Zentrale Projekte und technologische Schwerpunkte

Wie bereits oben angesprochen deutet die hohe Volatilität der Fördermittelflüsse darauf hin, dass die akquirierten Mittel sehr stark von den Aktivitäten einzelner Antragsteller bzw. Institute abhängen. In Tabelle 4.2 sind diejenigen Projekte dargestellt, die zu den höchsten Fördermittelflüssen an die UniBw M geführt haben. Allein fünf Projekte waren für mehr als 20% der Zuflüsse an Fördermitteln verantwortlich. Gleichzeitig kann man aber auch erkennen, dass abgesehen von den beiden stärksten Projekten, die Höhe der Fördermittel in den Top-Projekten relativ ähnlich ist (0,69 bis 0,87 Mio. Euro) und sich die Fördermittel bei insgesamt 67 Projekten mit einer durchschnittlichen Förderung von 0,4 Mio. Euro pro Projekt auch breit verteilen.

Tabelle 4.2 Top Ten Liste der Projekte mit den höchsten Fördermittelsummen an der UniBw M

Thema	Laufzeit von	Laufzeit bis	Fördersumme in Mio. EUR
Galileo/GPS Indoor Navigation & Positionierung (INDOOR)	01.12.2005	31.12.2012	2,06
Enceladus Explorer - 'EnEx'	01.02.2012	31.03.2015	1,03
IRASSI - Infrared Astronomy Satellite Swarm Interferometry	01.01.2014	31.03.2017	0,87
Galileo III	01.01.2011	31.12.2013	0,86
Verhalten von Beton- und Stahlbetonbauteilen bei hohen Belastungsgeschwindigkeiten	01.06.2012	31.03.2016	0,85
Verbundvorhaben: Die Hauptziele dieses Verbundvorhabens sind: - die messtechnische Bestätigung der entscheidenden Annahmen für satellitengestützte Mehrantennensysteme mit hohem räumlichen Diversitätsgewinn, - der praktische Nachweis der theoretisch ermittelten Kapazitätssteigerungen.	01.06.2016	31.05.2019	0,80
Entwicklungsbeiträge zum Europäischen Satellitennavigationssystem Galileo IV	01.01.2014	31.12.2016	0,78
Mars Express Orbiter Radio Science Experiment - Rosetta Radio Science Experiment	01.01.2010	31.12.2016	0,76
HTGT-Turbotech II - Teilvorhaben: 1.134, 1.421, 1.432	01.01.1996	30.06.2000	0,70
Verbundprojekt: Verteilte intelligente Mikrosysteme für den privaten Lebensbereich (VIMP) - Teilvorhaben: Entwicklung von Positionssensoren und Sensoroptimierung	01.12.1995	31.12.1998	0,69

Quelle: eigene Berechnungen, Datenbasis: BMBF 2017

Wie sich die Projekte bzw. die Förderung auf die Universität bzw. über technologische Themen verteilt zeigt Tabelle 4.3. Die Leistungsplankategorie „Luft- und Raumfahrt" (LPS Ixxxxx) bzw. speziell Raumfahrt (LPS IBxxxx) hat mit 16,84 Mio. Euro mehr als 62% der Fördermittel erhalten und dominiert somit die Akquiseaktivitäten sehr stark. Die Felder „Informations- und Kommunikationstechnologien" (G), „Energieforschung und Energietechnologien" (E) und „Fahrzeug- und Verkehrstechnologien einschließlich maritimer Technologien" (H) sind ungefähr gleich stark mit 3,7, 2,75 und 2,37 Mio. Euro Fördermitteln, folgen aber mit Abstand.

Tabelle 4.3 Verteilung der Fördermittelflüsse auf technologische Kategorien der Leistungsplansystematik (LPS) an der UniBw M

LPS	Klartext LPS	Fördermittelsumme in Mio. Euro	Anzahl Projekte	Fördermittelsumme in Mio. Euro für LPS-Kategorien
EA1325	Fortgeschrittene Kraftwerkssysteme - Komponentenentwicklung	0,46	2	2,75
EA1326	Fortgeschrittene Kraftwerkssysteme - Kraftwerke mit Null Emissionen	1,11	4	
EB1052	Systemtechnik Inselsysteme	0,89	1	
EC8110	Kühlmittelverlust, Notkühlung, Containment, anlageninterne Notfallschutzmaßnahmen	0,23	1	
EC8130	Äußere Einwirkungen (Reaktorsicherheit)	0,85	1	
FC2025	Dezentrale Wasserver- und Abwasserentsorgung	0,26	1	0,26
GC3020	Gesamtsystem Elektrofahrzeug (mit Fokus auf Fahrzeugelektronik und Energiemanagement, Fahrzeugkonzepte und Herstellungsverfahren)	0,84	2	3,70
GC4070	Querschnittaktivitäten (u.a. Gemeinsame Geschäftsstelle Elektromobilität der Bundesregierung	0,60	1	
GC5010	Neue leistungselektronische Umrichter und integrierbare Bauelemente	0,34	2	
GD3181	Weiterentwicklung der Systemtechniken	1,48	3	
GD3182	Entw. von Standardbauteilen von Mikrosystemen	0,20	1	
GD3183	Entw. Prototypen fortgeschr. Mikrosystemlsgen	0,24	1	
HA5010	Sicherheit im Straßenverkehr	0,62	1	2,37
HA8020	Querschnittstechnologien	0,29	1	
HA8050	Fahrzeugintegration von elektrifizierten Antriebssträngen (insbes. Antriebsmanagement, Einbindung in Sicherheitssysteme)	0,60	1	
HA8060	Schaufenster Elektromobilität	0,86	2	
IB1020	Erforschung des Sonnensystems	1,62	5	16,84
IB1030	Astronomie und Astrophysik	0,20	1	
IB1040	Technologieentw. für extraterrestrische Missionen	1,65	2	
IB1091	Projektbegleiter & externe Einzelgutachter (PB,RE)	0,14	1	
IB2013	Forschungsvorhaben - Pilot- und Demonstrationsvorhaben	0,21	1	
IB6010	Nutzlastentwicklungen & -technologien inkl. Antennen im Rahmen der Satellitenkommunikation	0,05	1	
IB6060	Übergreifendes und Sonstiges im Rahmen der Satellitenkommunikation	1,01	2	
IB7010	Systemuntersuchungen und Technologie für die Satellitennavigation	1,17	3	
IB7020	Pilot- und Demonstrationsvorhaben für Anwendungen der Satellitennavigation	1,37	4	
IB7030	Empfänger- und Antennentechnologie für die Satellitennavigation	1,84	7	
IB7060	Übergreifendes und Sonstiges im Rahmen der Satellitennavigation	6,71	10	
IB8080	Strategische Studien im Rahmen der Strategische Studien im Rahmen der Weltraumforschung und Weltraumtechnik	0,87	1	
KB2710	Werkstoffe im Grenzbereich	0,22	1	0,22
U03053	Erforschung kondensierter Materie - Teilchenstrahlen	0,87	3	0,87
Gesamtergebnis		**27,01**	**67**	**27,01**

Quelle: eigene Berechnungen, Datenbasis: BMBF 2017

Da Fördermittel in vielen Fällen über allgemeine Ausschreibungen vergeben werden, ergibt sich daraus automatisch eine ungleiche Verteilung von Fördermittelflüssen, zumal nicht alle Themenfelder gleich häufig und mit vergleichbaren Fördertöpfen ausgeschrieben werden. Andererseits wirkt von Seiten der UniBw M die thematische Ausrichtung der Universität auf die Möglichkeit, Fördermittel zu akquirieren. Grundsätzlich hat die Universität hier mit einer technischen Ausrichtung sicherlich eine gute Ausgangsposition. Neben diesen Basisvoraussetzungen des Matchings zwischen Ausschreibungen und Kompetenzen spielt aber auch noch die individuelle Affinität für die Akquise von Fördermitteln bzw. die Kultur solche Mittel zu akquirieren eine Rolle. Einflussmöglichkeiten von Seiten der Universitätsleitung bestehen vor allen Dingen durch die Stärkung einer Forschungskultur bzw. in der Schaffung individueller Anreize für die Wissenschaftler.

Ob eine Strategie der Spezialisierung oder der Diversifizierung bei der Akquise von Mitteln und der Ausrichtung der Forschung angemessener ist, ist schwierig zu beantworten. Eine diversifizierte Strategie reduziert Schwankungen bei den jährlichen Fördermittelhöhen und ist auch weniger anfällig gegen den Wegfall einzelner politischer Förderprogramme. Dahingegen führt eine Spezialisierung zu Lerneffekten und auch die Sichtbarkeit der Kompetenzen wird gesteigert. Letztendlich sollte man beide Ansätze parallel weiterverfolgen.

Wie unter 4.2.1 schon angedeutet, könnte sich das lokale Umfeld in der Gemeinden Neubiberg und Ottobrunn mit den in der Akquise aktiven Unternehmen für Forschungskooperationen anbieten. Offen war aber noch die Frage, ob das Profil dieser Firmen mit dem Profil der Universität übereinstimmt. In Tabelle 4.3. zeigt sich, dass solch ein Matching vorliegen sollte. Die starken Themenfelder „Luft- und Raumfahrt", „Informations- und Kommunikationstechnologien", „Energieforschung und Energietechnologien" und „Fahrzeug- und Verkehrstechnologien einschließlich maritimer Technologien" passen sehr gut zur Firmenstruktur, so dass sich sehr gute Möglichkeiten für eine gemeinsame Forschung bzw. eine gemeinsame Akquise der Fördermittel eröffnen.

4.2.3 Kooperationspartner und deren regionale Verteilung

Mit Blick auf immer komplexer werdende Innovationsprozesse, gelten kooperative FuE-Aktivitäten mit anderen Organisationen als gutes Mittel, um die erforderliche Geschwindigkeit und Qualität von Innovationen zu erreichen. Die Nutzung der Fördermitteldaten ermöglicht es, eine Annäherung an die real stattfindenden FuE-Kooperationen zu erhalten. Solche Kooperationen führt die UniBw M bereits durch. Insgesamt gab es im Untersuchungszeitraum 32 Kooperationsprojekte mit 192 Kooperationspartnern[23]. Teilweise sind diese Projekte sehr groß, z.B. „COORETEC-Turbo 2020" mit 68 Partnern, „GuD-Kraftwerk, 500 MW auf einer Welle" mit 50 Partnern. Hier wird Wissen in Kooperation erzeugt, d.h. das Wissen der Universität fließt ab, aber gleichzeitig kann in den Forschungsnetzwerken neues Wissen von anderen Akteuren gesammelt werden. Die UniBw M hat damit eine überregionale Antennenfunktion, um Wissen in die Region zu bringen und dort weiter zu verteilen.

Die Kooperationsbeziehungen erstrecken sich in fast jedes Bundesland (außer dem Saarland). Die Intensität ist dabei einerseits abhängig von der geographischen Distanz und andererseits von der Wissensstruktur in den Zielregionen, d. h. Bundesländer mit vielen Unternehmen oder wissenschaftlichen Einrichtung, die thematisch gut zu den Forschungen der UniBw M passen, sind besonders stark vertreten (siehe Abbildung 4.4). Die wichtigsten Partner kommen aus Nordrhein-Westfalen, Baden-Württemberg, Niedersachsen und Hessen.

Abbildung 4.4 Geographische Verteilung der Kooperationspartner der UniBw M

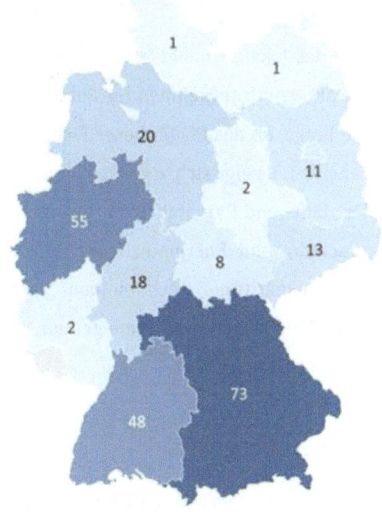

Quelle: eigene Berechnungen, Datenbasis: BMBF 2017

---

[23] Doppelzählungen sind wahrscheinlich, falls Partner in mehreren Projekten eingebunden sind.

Die höchste Dichte an Kooperationen existiert allerdings innerhalb des Freistaates Bayern mit 73 Kooperationspartnern. Besonders auffällig ist die intensive Einbindung in die Region mit 52 Partnern; in Tabelle 4.4 dargestellt durch die Europäische Metropolregion München. Die Partner aus dieser Region scheinen von besonderer Bedeutung für die Forschung der UniBw M zu sein, bzw. andersherum bietet die Universität Wissen und Kompetenzen, welche von regionalen Partnern stark nachgefragt werden. Somit scheint hier ein enger Austausch vorzuliegen, die Universität ist gut regional verankert und liefert Impulse für die technologische Entwicklung. Dahingegen ist die direkte lokale Einbettung aktuell eher niedrig mit nur 4 Kooperationspartnern aus der Gemeinde Neubiberg und Ottobrunn (kein Partner aus Unterhaching). Das oben beschriebene Kooperationspotential (starke Akteure mit hohen Fördermitteln und einer technologischen Passung) wird somit aktuell noch nicht gehoben.

Tabelle 4.4   Verteilung der Kooperationspartner der UniBw M innerhalb Bayerns

Teilregion	Anzahl der Kooperationspartner
Oberfranken	1
Oberpfalz	3
Unterfranken	1
Schwaben	1
Niederbayern	1
Mittelfranken	10
Metropolregion München/Oberbayern	52
Neubiberg	3
Ottobrunn	1

Quelle: eigene Berechnungen, Datenbasis: BMBF 2017

Ein genauerer Blick auf diese vier Projekte (siehe Tabelle 4.5) zeigt, dass zwei davon mit der Infineon Technologies AG stattgefunden haben, d. h. hier war der stärkste lokale Akteur (bezogen auf Fördermittel) in Kooperationsprojekte eingebunden. Die Projekthöhe von etwas über 1,5 Millionen Euro ist im Vergleich zu den gesamten Fördermitteln der Infineon Technologies AG (273,37 Mio. Euro) aber relativ gering. Gerade im Luft- und Raumfahrbereich scheinen die lokalen Kooperationsmöglichkeiten noch nicht stark genutzt zu werden (nur ein Projekt mit der Airbus DS GmbH). Hier ist somit noch Potential für intensivere Kooperation.

Tabelle 4.5 Lokale Verteilung der Kooperationspartner der UniBw M

Projekt	Region	Partner	Fördersumme der Projektpartner in Euro
CNAV	Ottobrunn	Airbus DS GmbH - Telecommunication & Navigation Division	76.764
HIGAPS - Phase 2	Neubiberg	Intel Mobile Communications GmbH	577.200
Hoch effizienter Modularer Hochfrequenz Umrichter (MHF) für einen Antriebstrang der nächsten Generation von Elektro-Fahrzeugen (MHF4EV)	Neubiberg	Infineon Technologies AG - IFAG OP F RD	882.307
Modulare Antriebsstrangtopologien für hohe Fahrzeugleistungen	Neubiberg	Infineon Technologies AG - IFAG BEX RDE RDF	687.587

Quelle: eigene Berechnungen, Datenbasis: BMBF 2017

Bezüglich Kooperationen in der Europäischen Metropolregion München zeigt sich die gute Einbettung der UniBw M in das Innovationssystem bzw. die regionale Wirtschaft. Unter den Top Ten der Kooperationspartner sind neun Unternehmen und mit der Technischen Universität München nur eine Forschungseinrichtung. Dies ist eine ungewöhnlich hohe Anzahl an Projekten und Fördermitteln im Rahmen von Kooperationen mit Unternehmen, da häufig Forschungseinrichtungen mit anderen Forschungseinrichtungen kooperieren. Die UniBw M geniert Wissen, welches in eine praktische Anwendung gebracht werden kann und dieses Wissen wird auch nachgefragt. Besonders die Automobilwirtschaft scheint dieses Wissen nachzufragen, wie die Beteiligung von BMW, Audi, DriveNow, etc. zeigt.

Tabelle 4.6 Top Ten Liste der Kooperationspartner der UniBw M aus der Metropolregion München

Kooperationspartner	Anzahl Projekte	Projektsumme beim Kooperationspartner in Mio. Euro
IFEN Gesellschaft für Satellitennavigation mbH	2	4,89
MTU Aero Engines AG	8	3,54
Technische Universität München	11	3,50
Bayerische Motoren Werke Aktiengesellschaft	7	3,24
Siemens Aktiengesellschaft	3	2,48
AUDI Aktiengesellschaft	2	1,25
DriveNow GmbH & Co. KG	1	0,93
Menlo Systems GmbH	1	0,82
PRO DESIGN Electronic GmbH	1	0,64
MAN Truck & Bus AG	1	0,42

Quelle: eigene Berechnungen, Datenbasis: BMBF 2017

Ein Blick auf die Kooperationspartner außerhalb der Region liefert ein interessantes Bild. Im Gegensatz zur starken Unternehmensorientierung innerhalb der Region (definiert als Metropolregion), ist die Anzahl der Projekte mit Akteuren aus dem Wissenschaftsbereich weit größer (siehe Tabelle 4.7). Durch eine solche Konstellation bietet sich für die UniBw M genau die Möglichkeit, neues Wissen aus den überregionalen Wisseneinrichtungen einzusammeln und dann an die Unternehmen in der Region weiterzugeben.

Tabelle 4.7 Top Ten Liste der Kooperationspartner der UniBw M insgesamt (nach Anzahl der Projekte)

Kooperationspartner	Anzahl Projekte	Fördersumme in Mio. Euro
Siemens Aktiengesellschaft*	15	8,74
Rheinisch-Westfälische Technische Hochschule Aachen	13	5,24
Technische Universität Darmstadt	13	2,49
Deutsches Zentrum für Luft- und Raumfahrt e.V. (DLR) - Institut für Antriebstechnik	11	6,04
Technische Universität München	11	3,50
Universität Stuttgart	11	2,22
Rolls-Royce Deutschland Ltd & Co KG	10	6,49
GE Power AG	8	4,53
MTU Aero Engines AG	8	3,54
Bayerische Motoren Werke Aktiengesellschaft	7	3,24

Quelle: eigene Berechnungen, Datenbasis: BMBF 2017

Hinweis: Grau hinterlegt = in der Metropolregion München ansässig; *Siemens AG = teilweise grau (primär aber Siemens Power & Gas Mühlheim)

In Tabelle 4.8 sind die Kooperationen nach technologischen Feldern und nach der geographischen Reichweite (lokal/regional bzw. Bayern) dargestellt. Überraschenderweise wird im Bereich mit den höchsten Fördermitteln (Luft- und Raumfahrt, vorletzte Zeile) relativ wenig kooperiert. Zwar ist zu konstatieren, dass Kooperationen auch andere hier nicht berücksichtigte Formen annehmen können. Aufgrund der lokal und regional vorhandenen Kompetenzen, sowohl auf der Seite der Unternehmen als auch bei anderer Forschungseinrichtungen, deuten die Ergebnisse jedoch auf ein hohes Potential für noch intensivere Forschungskooperationen hin.

Tabelle 4.8   Anzahl der Projektpartner der UniBw M in Bayern nach technologischem Feld

Klartext	Neubiberg	Ottobrunn	Metropolregion München	Mittelfranken	Niederbayern	Oberfranken	Oberpfalz	Schwaben	Unterfranken
Fortgeschrittene Kraftwerkssysteme – Komponentenentwicklung			6						
Fortgeschrittene Kraftwerkssysteme - Kraftwerke mit Null Emissionen			10						
Gesamtsystem Elektrofahrzeug (mit Fokus auf Fahrzeugelektronik und Energiemanagement, Fahrzeugkonzepte und Herstellungsverfahren)	2		1		3	1			
Querschnittaktivitäten (u.a. Gemeinsame Geschäftsstelle Elektromobilität der Bundesregierung			1	1					
Neue leistungselektronische Umrichter und integrierbare Bauelemente			1					1	
Weiterentwicklung der Systemtechniken			6				1		
Entwicklung von Standardbauteilen von Mikrosystemen			1						
Entwicklung von Prototypen fortgeschrittener Mikrosystemlösungen			2						
Sicherheit im Straßenverkehr			5						1
Querschnittstechnologien			2	2					
Schaufenster Elektromobilität			9				1		
Systemuntersuchungen und Technologie für die Satellitennavigation	1								
Empfänger- und Antennentechnologie für die Satellitennavigation	1		1		4		1		
Übergreifendes und Sonstiges im Rahmen der Satellitennavigation			5	1					
Strategische Studien im Rahmen der Weltraumforschung und Weltraumtechnik			1						
Erforschung kondensierter Materie – Teilchenstrahlen			1						

Quelle: eigene Berechnungen, Datenbasis: BMBF 2017

4.3   Fazit

Die UniBw M ist grundsätzlich in der Lage externe Fördermittel zu akquirieren und arbeitet auch bereits aktiv mit lokalen Partnern (speziell Unternehmen) zusammen. Dabei erfüllt sie auch eine Antennenfunktion für die Region indem sie regionsextern mit Hochschulen und Forschungseinrichtungen kooperiert und somit an neues Wissen gelangt, welches regional weiterverteilt werden kann. Aus den Analysen ergeben sich allerdings auch vier Bereiche bei denen Potential für Aktivitäten vorliegt:

- Insgesamt kann festgehalten werden, dass der Zufluss von Drittmitteln aus Bundesprogrammen relativ niedrig ausfällt. Pro wissenschaftlichen Mitarbeiter liegt die Drittmittelquote beispielsweise um mehr als den Faktor 5 unter den Werten für die Universität Bremen. Hier besteht also grundsätzlich Potential für Verbesserungen. In diese Richtung zielen die diversen Angebote des Referates für Forschungsförderung und Drittmittelforschung, das neben der gezielten Weitergabe von Ausschreibungen auch die aktive Unterstützung im Rahmen der Antragsstellung und Projektabwicklung anbietet. Tatsächlich weisen die kontinuierlichen

Drittmitteleinwerbungen ja darauf hin, dass sich eine entsprechende Kultur etabliert. Dieser Trend sollte aber noch stärker als bisher über Anreize zur Akquise von Fördermittel gestärkt werden. Dabei könnte durchaus auf bereits existierende Anreizmechanismen zurückgegriffen werden. Zu beachten ist jedoch, dass die Anreize nicht zu gering ausfallen. Beispielsweise sind Forschungspreise umso wertvoller, je weniger davon vergeben werden.

- Gerade in den starken Feldern der UniBw M (wie z. B. Raumfahrt) besteht darüber hinaus immer die Möglichkeit, allein oder in Kooperation mit anderen starken Partnern, mit guten Projektideen direkt an die Landes- oder Bundesministerien heranzutreten. Der Fokus des Ausbaus der Drittmittelaktivitäten sollte im ersten Schritt auf den bereits starken thematischen Feldern liegen, da hier die größte Wahrscheinlichkeit besteht, Fördermittel zu akquirieren. Im zweiten Schritt sollten andere Forschungsthemen mit diesen Kernfeldern kombiniert werden. Dies böte nicht nur die Möglichkeit, die Kernthemen umfassender und interdisziplinärer zu bearbeiten (z. B. indem auch die gesellschaftlichen Wirkungen von technologischen Neuerungen stärker berücksichtigt werden), sondern ermöglicht bislang weniger aktiven Akteuren im Laufe des Prozesses Wissen über Antragstellung sowie –abwicklung zu sammeln und so die Erfolgsaussichten zu erhöhen. Parallel dazu oder als dritten Schritt sollten neue Themenfelder gestärkt werden, um die Abhängigkeit von einzelnen Themen zu reduzieren.
- Wie oben bereits angesprochen, bieten sich weitere Kooperationen im lokalen Umfeld an. So sind u. a. die Industrieanlagen-Betriebsgesellschaft, Infineon Technologies, MTU Friedrichshafen, Intel Mobile Communication, Airbus Defense and Space und Clean Mobile alles Unternehmen, die in den starken Themenfeldern der UniBw M aktiv sind. Gerade im Raumfahrtbereich erscheinen die lokalen Kooperationsmöglichkeiten bislang noch nicht komplett genutzt. Dabei ist natürlich zu berücksichtigen, dass lokale Nähe nicht der alleinige Grund für Kooperationen ist. Nichtsdestotrotz bietet sich aufgrund von lokaler und thematischer Nähe hier eine Chance für weiterführende Kooperationen.
- In Bayern existieren eine Vielzahl an Netzwerken und Clustern, welche thematisch zu den Schwerpunkten der UniBw M passen. Hier könnte es sinnvoll sein, die UniBw M in diesen Netzwerken und Clustern stärker zu positionieren. Dies kann entweder über eine einfache Mitgliedschaft oder eine Mitarbeit im Vorstand in bestimmten Clustern, die sehr wichtig für die UniBw M sind, geschehen. Letz-

teres gilt speziell für die beiden Cluster bavAIRia (Netzwerk der Luft und Raumfahrt) und das IT-Sicherheitscluster.

5 Soziokulturelle Impulse und regionale Wahrnehmung der UniBw M

Neben den gut messbaren konjunkturellen Impulsen und Forschungsaktivitäten gehen von Universitäten immer auch soziokulturelle Impulse aus. Einerseits stehen vielfältige Einrichtungen und Angebote nicht nur den Mitgliedern der Universität zur Verfügung, sondern können auch von den Bürgern der umliegenden Region genutzt werden. Andererseits engagieren sich Studierende und Mitarbeiter in der Region. Dies gilt trotz, oder in manchen Fällen gerade aufgrund ihrer Besonderheit auch für die UniBw M. So deuten sowohl die zumeist gut besuchten Veranstaltungen der Universität, wie der Tag der offenen Tür oder der Tag der Bundeswehr, als auch das Engagement der Studierenden im Übungsleiterbetrieb der umliegenden Vereine oder in der freiwilligen Feuerwehr auf eine regionale Verankerung der Universität mit den umliegenden Gemeinden hin.

Die Abschnitte 5.1 und 5.2 stellen die soziokulturellen Impulse dar, die sich aus den Angeboten der Universität sowie dem Engagement der Studierenden ergeben und beleuchten die Rolle der UniBw M als Teil der Gemeinde Neubiberg. Unklar bleibt hierbei, wie die Universität bzw. die Studierenden von der regionalen Bevölkerung wahrgenommen werden. Diese Lücke wird mit Hilfe einer Befragung der Bevölkerung in Abschnitt 5.3 geschlossen. Das Kapitel schließt mit einem kurzen Fazit in Abschnitt 5.4.

5.1 Die UniBw M als soziokultureller Impulsgeber für die Region

5.1.1 Methodik

Soziokulturelle Impulse sind schwer zu quantifizieren, üben jedoch einen starken Einfluss auf die gesellschaftliche Wahrnehmung einer Institution aus. Ihre Wirkungsweise wurde daher mit den Methoden der qualitativen Sozialforschung untersucht. Die Datenerhebung basiert zum größten Teil auf 17 Interviews, die mit verschiedenen Entscheidungsträgern und Interessenvertretern der Universität und der Gemeinde Neubiberg geführt wurden. Der Kreis der Interviewten beinhaltet beispielsweise die Universitätsleitung, die Pressestelle und den Sportförderverein von Seiten der UniBw M, sowie den

Bürgermeister, das Kulturamt und die Sportvereine seitens der Gemeinde Neubiberg. Die Interviews wurden von Studierenden der Wirtschafts- und Organisationswissenschaften im Rahmen von Seminar- und Abschlussarbeiten geführt und transkribiert.[24]

Ergänzend wurden außerdem Artikel aus den Universitätszeitschriften *Hochschulkurier* und *Campus* sowie aus dem Neubiberger Gemeindemagazin *NANU* in die Betrachtungen miteinbezogen. Zur Auswertung des Materials wurde die qualitative Inhaltsanalyse verwendet. Zentral ist hierbei die Entwicklung eines Kategoriensystems, welches deduktiv aus theoretischen Vorüberlegungen zur Zielsetzung abgeleitet wurde. Anhand dieses Kategoriensystems wurden die einzelnen thematisch zusammenhängenden Textstellen hierarchisch codiert.

Die erste Hierarchiestufe unterscheidet hierbei, ob ein Impuls seitens der Universität auf die umliegenden Gemeinden wirkt, oder ob die Region mit ihren Aktivitäten und Angeboten einen Einfluss auf die Universität bzw. ihre Angehörigen nimmt. Mithilfe der zweiten Hierarchiestufe wird eine Wertung vorgenommen, ob der analysierte Impuls eine positive, negative oder neutrale Wirkung ausübt. In der dritten Hierarchiestufe wird schließlich eine thematische Einordnung vorgenommen. Die nachfolgenden Kapitel orientieren sich an den herausgearbeiteten inhaltlichen Schwerpunkten und stellen somit eine Zusammenfassung der Ergebnisse dar. Zum besseren Verständnis wurden an einigen Stellen Hintergrundinformationen aus weiteren Quellen hinzugezogen.

5.1.2 Angebote der Universität

Sportförderverein und Sportzentrum

Der Sport hat an der Universität der Bundeswehr München einen sehr hohen Stellenwert. Neben Freizeitgestaltung und körperlichem Ausgleich zum Studium spielt er im Bereich der militärischen Ausbildung eine große Rolle. Da eine gewisse physische Fitness Grundvoraussetzung für das Einschlagen der Offizierslaufbahn ist, kann die durchschnittliche Sportaffinität an der UniBw M, insbesondere auch bei den Universitätsangehörigen mit eher technischer oder geisteswissenschaftlicher Ausrichtung, höher eingeschätzt werden, als bei Studierenden an den Landesuniversitäten. Aus diesem Grund hat sich 1978 auf Initiative einiger sportbegeisterter Universitätsangehöriger der Verein zur Förderung des Sports an der Universität der Bundeswehr München e.V. (Sportförder-

---

[24] Bei Zustimmung der Interviewpartner können die Transkripte online unter der folgenden Adresse eingesehen werden: https://www.unibw.de/wow2_4/.

verein) gegründet, welcher auf Grundlage der zahlreichen Mitgliedsbeiträge einen Großteil der finanziellen Mittel für das vielfältige Sportangebot des Sportzentrums zur Verfügung stellt. Der Verein wird hauptsächlich von Studierenden getragen, die Vereinsarbeit wird ehrenamtlich von Universitätsangehörigen verschiedener Positionen übernommen. Die Mitgliedschaft im Sportförderverein steht prinzipiell den militärischen Angehörigen und dem zivilen Personal der UniBw M sowie deren Verwandten im Rahmen einer Familienmitgliedschaft offen. Den Mitgliedern des Sportfördervereins stehen dann sämtliche Angebote des Sportzentrums der UniBw M offen. Prinzipiell ist eine Vereinsmitgliedschaft auch für die Bürger der umliegenden Gemeinden möglich. Allerdings ist der Zugang hier beschränkt, um eine Überfüllung der Anlagen zu verhindern und eine reibungslose Durchführung des ebenfalls angebotenen Sportstudiums zu gewährleisten.

Im Gegensatz zum Sportförderverein ist das Sportzentrum eine zentrale Einrichtung der UniBw M und somit Teil der Universitätsstruktur. Die Angebote des Sportzentrums umfassen 15 Sportstätten und 37 Kurse, die laut der Benutzungsordnung des Sportzentrums neben den Universitätsangehörigen und den Mitgliedern des Sportfördervereins auch für „Gemeinden, Vereine sowie Dritte als Gruppenbenutzer" (UniBw M 2003, S. 7) nutzbar sind. Wiederum hat der geregelte Ablauf des Studiums der Sportwissenschaften Vorrang, so dass die externe Nutzung vergleichsweise über alle Angebote hinweg eher gering ausfällt. Allerdings gibt es durchaus gut frequentierte Bereiche, wie etwa die Nutzung des Schwimmbades, der Tennisanlagen und des Fitnessbereiches.

Universitätsbibliothek

Die Bibliotheken jeder Universität sind für das Studium, die Lehre und die Forschung unerlässliche zentrale Einrichtungen, die den Zugang zu wissenschaftlichen Publikationen gewährleisten. Auf dem Campus der UniBw M befinden sich eine Zentralbibliothek sowie verschiedene Fachbibliotheken. Vorort umfasst der Gesamtbestand ca. 1,1 Millionen Medieneinheiten (UniBw M 2016a). Durch die Mitgliedschaft im Bibliotheksverbund Bayern kann über die Fernleihe jedoch zusätzlich auf die Medienbestände von mehr als 150 Bibliotheken wie der Bayerischen Staatsbibliothek sowie anderer Universitäts- und Hochschulbibliotheken in Bayern zugegriffen werden (BVB 2016).

Die Universitätsbibliothek ist eine der Öffentlichkeit zugängliche wissenschaftliche Bibliothek. Sie dient somit nicht ausschließlich Forschung, Lehre und Studium, sondern leistet ebenfalls einen Beitrag für die Bildung Universitätsexterner und kann von diesen auch für die berufliche Arbeit genutzt werden (UniBw M 2003a). Die Benutzungsordnung der Universitätsbibliothek lässt zur Ausleihe neben den Universitätsmitgliedern und Angehörigen des Alumni-Netzwerkes alle Personen ab einem Alter von 16 Jahren mit festen Wohnsitz innerhalb des S-Bahn-Bereiches München zu (UniBw M 2003b). Die Mitgliedschaft und die Ausleihe sind im Gegensatz zu den Gemeindebibliotheken von Neubiberg, Ottobrunn und Unterhaching (mit Jahresbeiträgen zwischen 12 und 28 Euro) kostenlos (Gemeinde Neubiberg 2010, Gemeinde Unterhaching 2014, Gemeindebibliothek Ottobrunn 2015, UniBw M 2003b).

Neben der Ausleihe diverser Medien bietet die Universitätsbibliothek auch weitere Dienstleistungen wie Schulungen an. Diese richten sich zuvorderst an Angehörige der UniBw M, sind aber explizit auch für Universitätsexterne, wie beispielsweise Schüler der Oberstufe oder Bürger mit individuellem Weiterbildungsinteresse offen (UniBw M 2016b, dbv 2016).

Abgesehen von diesen sehr bibliothekstypischen Dienstleistungen richtet die Universitätsbibliothek regelmäßig Jahres- und Monatsausstellungen aus, zu welchen ebenfalls interessierte Bürger der Region eingeladen werden. Hierdurch ermutigt sie die Einwohner der näheren Umgebung, die Universität kennenzulernen und leistet somit einen Beitrag zur Integration der UniBw M in die umliegenden Gemeinden. Des Weiteren kooperiert die Universitätsbibliothek mit der Gemeindebibliothek Neubiberg in der Ausrichtung von Ausstellungen im Haus für Weiterbildung.

Veranstaltungen

Von Seiten der UniBw M besteht der Wunsch, als offene und freie Einrichtung für Forschung und Lehre wahrgenommen zu werden. Die Integration der Universität in die benachbarte Region gestaltet sich aufgrund des militärischen Status jedoch komplizierter als bei Landesuniversitäten. Der Zaun und die bewaffnete Wache erwecken den Eindruck einer bewussten Abschottung und wirken somit abschreckend. Aus diesem Grund sind die auf dem Universitätscampus stattfindenden öffentlichen Veranstaltungen als Kernelemente für die Einbeziehung der Bevölkerung der Nachbargemeinden in das Universitätsleben anzusehen.

An erster Stelle ist hier der alle zwei Jahre stattfindende Tag der offenen Tür zu nennen. An diesem Tag können sich die Besucherinnen und Besucher über den Campus führen lassen und diverse Einrichtungen wie die Hörsäle, Bibliotheken und Labore besichtigen. Im Rahmen von Vorträgen und Mitmach-Experimenten werden aktuelle Forschungsprojekte erläutert, das Medienzentrum gewährt einen Blick hinter die Kulisse des Films und das Sportzentrum bietet die Möglichkeit, die eigene Körperbeherrschung auszutesten. Der Tag der offenen Tür ermöglicht es den Bürgern der umliegenden Gemeinden, die Universität der Bundeswehr München kennenzulernen. Hierdurch können Berührungsängste, die mit dem Status des Campus als militärische Liegenschaft einhergehen, abgebaut werden.

Weitere Veranstaltungen umfassen öffentliche Vorträge, Inszenierungen des Unitheaters oder Auftritte von Uni Big Band und Unichor. Beispielhaft für den Bereich der kulturellen Darbietungen kann hier ein Kabarettabend mit Holger Müller als „Ausbilder Schmidt" genannt werden, welcher im November 2013 anlässlich des vierzigjährigen Jubiläums der UniBw M gemeinsam mit dem Kulturamt Neubiberg im Audimax organisiert wurde und zu welchem neben den Universitätsangehörigen und –freunden auch die Einwohner der umliegenden Gemeinden eingeladen waren.

Ein besonderes Angebot für die jungen Mitglieder der Nachbargemeinden, bietet die UniBw M mit der Ausrichtung einer Kinder-Uni. Diese wird jährlich in Kooperation mit der Ottobrunner Volkshochschule Südost organisiert und richtet sich an Schüler im Alter von acht bis zwölf Jahren. Die Kinder erhalten hier Einblicke in die Forschungsbereiche verschiedener Lehrstühle und setzen sich altersgerecht mit aktuellen Thematiken wie der Flüchtlingsdiskussion, dem Internet oder der Raumfahrt auseinander (UniBw M 2016c). Im Rahmen von Vorlesungen können sie auf Augenhöhe mit Wissenschaftlern über spannende Forschungsfragen mit Relevanz für das gesellschaftliche Leben diskutieren und somit erleben, dass Bildung nicht nur wichtig für das spätere Leben ist, sondern auch Spaß macht. Außerdem erfahren sie, dass die Bewahrung der kindlichen Neugier eine fundamentale Voraussetzung für die Forschung und demzufolge für den gesellschaftlichen Fortschritt ist.

Kinderbetreuung

Die Vereinbarkeit von Familie und Beruf ist für viele Eltern eine große Herausforderung, weshalb hier sowohl die Politik als auch privatwirtschaftliche Unternehmen durch das Angebot von Kinderbetreuungseinrichtungen unterstützend tätig werden. Die UniBw M bietet ihren Studierenden durch die Zahlung eines monatlichen Gehaltes und die berufliche Sicherheit, welche mit der 13jährigen Dienstverpflichtung einhergeht, sehr günstige Voraussetzungen zur Familiengründung bereits in jungen Jahren. Demgegenüber steht das sehr straffe Studium im Trimestertakt. Dies macht eine verlässliche und für die Eltern unkomplizierte Kinderbetreuung in örtlicher Nähe unabdingbar. Dieser Notwendigkeit kommt die Universität durch die Unterhaltung der Kinderkrippe „Campusküken" auf dem Campus nach. Die Kinderkrippe wurde im Mai 2014 eröffnet und wird vom Johanniter-Unfall-Hilfe e.v. Regionalverband München getragen. Sie verfügt über Aufnahmekapazitäten für 36 Kinder bis zu einem Alter von drei Jahren, welche von Montag bis Freitag zwischen 7 Uhr und 18 Uhr betreut werden können. Das Angebot richtet sich zuvorderst an die Studierenden sowie die militärischen und die zivilen Angestellten der Universität. In der Regel bleiben jedoch einige Plätze pro Jahrgang frei, die dann an Dritte vergeben werden.

Neben der Kinderkrippe befindet sich auf dem Campus der Kindergarten Sonnenwiese, welcher als Elterninitiative betrieben und vom Vorstand des Kindergartenvereines Neubiberg e.V. ehrenamtlich geführt wird. Hier werden 15 Kinder ab einem Alter von zwei Jahren bis zum Beginn der Schulzeit betreut. Der Kindergarten ist im Gegensatz zur Kinderkrippe keine universitäre Einrichtung, befindet sich aber auf dem Campus der UniBw M. Er ist somit prinzipiell offen für alle Kinder der näheren Umgebung und wird in der Regel auch von Kindern aus Neubiberg und Ottobrunn besucht, deren Eltern keinen direkten Bezug zur Universität haben.

Fort- und Weiterbildung

Die heutige Zeit ist geprägt von kontinuierlichen und schnell voranschreitenden Veränderungen. Dies betrifft neben dem gesellschaftlichen Leben zuvorderst auch den Arbeitsmarkt und die Anforderungen an das Wissen und die Fähigkeiten der Arbeitskräfte, welche sowohl durch die Ausbildung als auch durch die Erfahrungen im alltäglichen Berufsleben vermittelt werden. Für die Offiziere der Bundeswehr liegt zwischen ihrem Studium und ihrem Einsatz auf dem zivilen Arbeitsmarkt eine militärische Dienstzeit von ca. acht Jahren. Oftmals ist ihr Tätigkeitsbereich weit von ihrem Studium entfernt, so dass sie ihr Wissen vor dem Ausscheiden aus der Bundeswehr – nur rund 20% der Absolventen werden tatsächlich Berufssoldat – auffrischen müssen. Aus diesem Grund hat die UniBw M das universitätsinterne Weiterbildungsinstitut casc (campus advanced studies center) gegründet.

Unter dem Leitbild des lebenslangen Lernens werden hier überwiegend Bundeswehrangehörige am Ende ihrer militärischen Dienstzeit auf den Eintritt in den zivilen Arbeitsmarkt vorbereitet. Die wissenschaftliche Ausbildung umfasst den Bachelorstudiengang Wirtschaftsingenieurwesen sowie die Masterstudiengänge International Security Studies, International Management, Public Management, Personalentwicklung sowie

Systems Engineering und deckt somit hauptsächlich das Spektrum der Wirtschafts- und Ingenieurswissenschaften ab.

Das Angebot kann prinzipiell auch von Fach- und Führungskräften aus Unternehmen in Anspruch genommen werden, welche ihre Kompetenzen im Rahmen eines berufsbegleitenden Studiums erweitern möchten. Hier böte sich langfristig auch die Chance auf den Weiterbildungsbedarf regionaler Unternehmen einzugehen. Bislang wird das Angebot von Seiten der regionalen Unternehmen jedoch nur wenig genutzt.

5.1.3 Engagement der Studierenden

Die Partizipation der Bürgerinnen und Bürger am Gemeindeleben spielt für Neubiberg, Unterhaching und Ottobrunn eine sehr große Rolle. Aus diesem Grund wird das ehrenamtliche Engagement anhand von Freiwilligenbörsen und Beratungen im Rathaus von Seiten der Gemeindeverwaltungen gefördert und es findet eine aktive Vermittlung in die Vereine statt. Die Beteiligung der Universitätsangehörigen am sozialen und kulturellen Leben ist aus diesem Grund ein sehr wichtiger Aspekt für die Integration der Universität in die Region.

Bereits die Anwesenheit der rund 2.700 Studierenden prägt die Zusammensetzung der lokalen Bevölkerung und hat somit einen Einfluss auf die Ausrichtung kultureller Veranstaltungen und Freizeitgestaltungsmöglichkeiten. Kernaspekte sind in diesem Zusammenhang sowohl die Verjüngung der Region als auch die aktive Mitgestaltung des gesellschaftlichen Lebens durch Studierende aus entfernteren Gegenden Deutschlands, welche neue Impulse in die umliegenden Gemeinden tragen.

Engagement in Sport- und Musikvereinen

Die Vereinsdatenbank Neubibergs umfasst annähernd 90 Vereine und Organisationen, in welchen sich die Einwohner der Gemeinde engagieren können. Eine für die Freizeitgestaltung besonders wichtige Rolle spielen hier die Sportvereine TSV Neubiberg-Ottobrunn und der FC Unterbiberg, in welchen insgesamt zehn Sportarten angeboten werden. Zwischen 60 und 100 Studierende finden hier regelmäßig eine Möglichkeit, sich einen körperlichen Ausgleich zum Studium zu verschaffen sowie gleichzeitig am geselligen Vereinsleben teilzuhaben und sich somit aktiv in ihre neue Heimat zu integrieren. Gerade im Bereich des Fußballs machen viele von ihnen, die bereits in ihrer Heimat aktiv gespielt haben, vom Zweitspielrecht Gebrauch und heben durch ihre Erfahrung das

Spielniveau in den Neubiberger Mannschaften an. Die Studierenden sind jedoch nicht nur als Spieler aktiv, sondern sie engagieren sich auch als Trainer oder Jugendleiter beispielsweise im Fußball und Tischtennis. Die Sportvereine profitieren also nicht nur aufgrund der höheren Mitgliedszahlen und der damit verbundenen möglichen Steigerung der Quantität und Qualität des Sportangebotes, sondern heben insbesondere die Führungsqualitäten und die Erfahrung im Anleiten von Gruppen hervor, welche die Offiziere und Offiziersanwärter durch ihre militärische Ausbildung haben und welche sie in besonderem Maße für den Umgang mit sportbegeisterten Jugendlichen qualifiziert. Eine besonders enge Verbundenheit zwischen dem TSV und der UniBw M gab es in den 1990er Jahren, als das Department für Sportwissenschaft in der vorlesungsfreien Zeit während des Sommertrimesters die Fußballtrainerausbildung im Verein übernommen hat.

Die Vereinsleitungen beider Sportvereine bedauern jedoch, dass durch ein zunehmend zeitaufwändiges Studium sowohl die Intensität des Engagements im sportlichen Bereich als auch die Geselligkeit durch Teilnahme an Feiern oder Veranstaltungen stark nachgelassen haben. Gerade im Unterschied zu Studierenden ziviler Universitäten mache sich hier auch der höhere Druck, das Studium nach der vorgegebenen Regelstudienzeit erfolgreich abgeschlossen haben zu müssen, bemerkbar.

Eine weitere Möglichkeit, sich im Rahmen ihrer Freizeitgestaltung im Neubiberger Vereinsleben einzubringen, finden die Studierenden im Musikverein Harmonie. Die traditionell bayerische Blaskapelle freut sich immer über Nachwuchs auch aus den Reihen der Universitätsangehörigen. Die Verbindung mit der UniBw M wird zusätzlich dadurch gestärkt, dass der bis 2014 amtierende Dirigent gleichzeitig 1. Offizier des Luftwaffenmusikkorps Neubiberg war und häufig Auftritte auf dem Campus wie beim jährlichen Maibockfest des Studentenbereichs, beim Neujahrskonzert, in der Universitätskirche oder beim Beförderungsbiergarten am Tag der offenen Tür stattfinden.

Soziales und politisches Engagement

Als „Bürger auf Zeit" in Neubiberg möchten viele Studierende nicht nur an den kulturellen und Freizeitangeboten partizipieren, sondern auch soziale Verantwortung übernehmen und ihrer neuen Heimat etwas zurückgeben.

Aus diesem Grund haben sie sich seit Bestehen der Universität immer wieder an ehrenamtlichen Arbeitseinsätzen, wie dem Aufbau des Umweltgartens oder dem Verladen von Hilfsgütern für Tschernobyl, beteiligt. Aktuell engagieren sie sich unter anderem in den Freiwilligen Feuerwehren Neubiberg und Unterbiberg, betreiben Flüchtlingshilfe und begleiten Kinder aus der Grundschule Neuperlach im Rahmen des Projektes „Balu und Du".

Freiwillige Feuerwehren leisten auf ehrenamtlicher Basis die Hauptarbeit im Bereich des abwehrenden Brandschutzes. Da eine Vielzahl von Studierenden bereits in ihren Heimatorten Mitglied der Freiwilligen Feuerwehr sind oder die Laufbahn eines Brandschutzoffiziers anstreben, möchten sie sich auch während ihres Studiums weiterhin in diesem Bereich engagieren. Wie viele Ortschaften in Deutschland verfügen auch die Gemeinden Neubiberg, Unterhaching und Ottobrunn nur über Freiwillige Feuerwehren, nicht jedoch über Berufsfeuerwehren. Eines der Hauptprobleme in diesem Zusammenhang ist die Sicherstellung der Tagesalarmbereitschaft. Viele freiwillige Einsatzkräfte sind außerhalb Neubibergs berufstätig und die Überwindung der räumlichen Entfernung zwischen Arbeitsplatz und Wohnort im Fall eines Noteinsatzes nimmt kostbare Zeit in Anspruch. Die Studierenden der UniBw M bieten hier insbesondere für die Freiwilligen Feuerwehren der Ortsteile Neubiberg und Unterbiberg einen sehr wertvollen Rückhalt, da sie sich auch tagsüber meistens auf dem Universitätscampus inmitten der Gemeinde Neubiberg aufhalten.

Auch im Bereich der Flüchtlingshilfe engagieren sich die UniBw M und ihre Studierenden. Die Universität hat der Gemeinde Unterhaching für die Unterbringung der ihr zugewiesenen Flüchtlinge das Gelände des ehemaligen Luftwaffenmusikkorps zur Verfügung gestellt. Auf diesem wurden im Sommer 2016 vorerst eine Traglufthalle und ein Zeltlager aufgebaut, bei dessen Errichtung auch universitätsangehörige Soldaten auf freiwilliger Basis beteiligt waren. Die weitere Flüchtlingshilfe vonseiten Universitätsangehöriger wurde durch die Leiterin der evangelischen Militärseelsorge koordiniert und umfasst hauptsächlich Sachspenden und ehrenamtliche soziale Arbeit zur Integration der Flüchtlinge und zur Bewältigung des administrativen Aufwandes. Besonders hervorzuheben ist in diesem Zusammenhang die Ausrichtung eines Sportfestes für Flüchtlinge, welches Studierende im Rahmen eines *studium plus* Seminars am 28. Februar 2016 in Neubiberg organisierten.

Erwähnenswert ist auch die Beteiligung der UniBw M bzw. der Studierenden an dem deutschlandweiten Projekt „Balu und Du", das einjährige Patenschaften junger Menschen für förderbedürftige Schulkinder vermittelt. Angelehnt an die Beziehung zwischen Balu und Mogli aus dem Dschungelbuch, helfen die ehrenamtlichen Mentoren (Balu) „ihren" Kindern (Mogli) dabei, aktiv am gesellschaftlichen Leben teilzuhaben und ihre

Freizeit attraktiv zu gestalten. Seit 2011 kooperieren die Grundschule Neuperlach und die UniBw M bei der Umsetzung dieses Projektes, bei welchem Studierende wöchentlich einen Nachmittag mit ihrem Mogli verbringen. Im Mittelpunkt stehen hierbei außerschulische Aktivitäten, die insbesondere soziale Kompetenzen fördern sollen. Die UniBw M war damit die erste Universität Bayerns, die sich an dem Projekt „Balu und Du" beteiligte.

Schließlich sind die Impulse, welche eine Einrichtung wie die UniBw M in ihre Sitzgemeinde aussenden kann, auch davon abhängig, wie gut sie in die lokalen Strukturen der Entscheidungsfindung mit eingebunden ist. Als Hauptakteur ist hier der Gemeinderat Neubibergs als zentrales Gremium der Kommunalpolitik zu nennen. Die etwa 2.700 Studierenden der UniBw M sind Bürger auf Zeit in der Gemeinde Neubiberg und machen einen Anteil von etwa 20% der Einwohner aus. Sowohl aufgrund ihres Status als Studierende und Angehörige der Bundeswehr als auch aufgrund ihrer Verwurzelung in einer anderen Heimat haben sie andere Interessen und Ansprüche an das Gemeindeleben als alteingesessene Bürger oder auch neu Hinzugezogene, die sich Neubiberg als ihre Wunschheimat ausgesucht haben. Um zwischen diesen verschiedenen Interessen zu vermitteln, hat sich 1984 die Überparteiliche Wählervereinigung der Studenten an der Universität der Bundeswehr München (USU) als Vertretung der Studierendenschaft gegründet und ist seitdem mit zwischen einem und vier Sitzen im Gemeinderat vertreten. Die politischen Schwerpunktthemen für die Sicherstellung eines harmonischen Miteinanders der Gemeinde und der Universität sind die Verbesserung des Informationsflusses über Angebote der Gemeinde, welche potentiell für die Studierenden von Interesse sein könnten, sowie die Verkehrsführung zur bzw. um die Universität.

5.2 Die UniBw M als Teil der Gemeinde Neubiberg

Im Gegensatz zu anderen Universitäten hat die Unibw M ihren Sitz nicht in einer Stadt sondern in einer Gemeinde. Neubiberg darf sich somit als einzige Gemeinde in Deutschland „Universitätsgemeinde" nennen und trägt diese Bezeichnung auch auf offiziellen Zeichen wie dem Ortseingangsschild.

Abbildung 5.1 Ortseingangsschild in Neubiberg

Quelle: eigenes Foto

Bereits hieraus lässt sich eine starke Identifikation Neubibergs mit der Universität ableiten. Die UniBw M stellt in Neubiberg schon aufgrund ihrer Größe einen wichtigen Akteur dar, der den Charakter und die Selbstwahrnehmung der Gemeinde stark beeinflusst. Aus diesem Grund wird die Universität von Bürgermeister Günter Heyland neben Unterbiberg und Neubiberg gerne als „dritter Ortsteil" betrachtet, dessen Integration in das Gesamtbild der Gemeinde als wichtiger Faktor der erfolgreichen Entwicklung Neubibergs angesehen wird. Dieser Abschnitt geht deshalb auf die Verbundenheit der Universität mit der Gemeinde ein und weist sowohl auf erfolgreiche Wechselbeziehungen als auch auf weitere Potentiale zur Verbesserung der Integration hin. Die Grundlage der verwendeten Informationen stellen, soweit nicht anders angegeben, wie in Kapitel 5.1 die mit den Vertretern der Gemeinde und der Universität geführten Interviews dar.

Zur effizienten Gestaltung ihrer Standortentwicklung hat die Gemeinde Neubiberg drei essentielle Erfolgsfaktoren identifiziert, die sie im Rahmen ihrer „3-W-Strategie" als Wohnbevölkerung, Wirtschaft und Wissenschaft bezeichnet. Hinter dem dritten Faktor steht an erster Stelle die UniBw M, die von der Gemeinde als wichtiger Standortvorteil gesehen wird. Die Vermarktung wird jedoch durch die Namensgebung der Universität erschwert, die in der offiziellen Bezeichnung auf ihre Lage nahe der Stadt und innerhalb des Landkreises München Bezug nimmt, jedoch nicht auf ihre Sitzgemeinde eingeht.

Die Vernetzung und die persönliche Zusammenarbeit zwischen der Universität und der Gemeinde werden von Vertretern beider Seiten dennoch als sehr gut beschrieben. So gibt es regelmäßige Treffen des Bürgermeisters nicht nur mit der Universitätsleitung, sondern auch mit dem Studentischen Konvent der UniBw M. Darüber hinaus ist Herr Heyland Mitglied im Freundeskreis der UniBw M. Der sich somit ergebende sehr persönliche und informelle Informationsaustausch erleichtert die gegenseitige Zusammenarbeit und verstärkt die Verbundenheit.

Die Integration der Universität in die Gemeinde wird des Weiteren durch die gegenseitige Bekanntmachung von und Teilnahme an kulturellen Veranstaltungen gefördert. Beispielhaft hierfür lässt sich der regelmäßige Besuch des Universitätscampus durch den Bürgermeister und andere Gemeindevertreter am Tag der offenen Tür aufführen.

Im Gegensatz zur Universitätsleitung und -verwaltung gelingt dieser unkomplizierte Informationsaustausch aus Sicht der Gemeinde nicht in der Kommunikation mit den Studierenden. So wird beispielsweise die Teilnahme der Studierenden an kulturellen und Freizeitangeboten der Gemeinde als vergleichsweise gering eingeschätzt. Die Studierenden der UniBw M nutzen jedoch vereinzelt die Möglichkeit, Praktika in verschiedenen Abteilungen bei der Gemeinde Neubiberg zu verrichten. Darüber hinaus schreibt die Gemeinde regelmäßig Bachelor- oder Masterarbeiten zu Themen mit Bezug zu Neubiberg aus, welche von interessierten Studierenden bearbeitet werden können. Ihre Wertschätzung für die wissenschaftliche Arbeit an der Universität drückt die Gemeinde außerdem durch die Vergabe von Preisen für herausragende Forschungsleistungen aus.

Als „dritter Ortsteil" Neubibergs wird die UniBw M seitens der Gemeindeverwaltung entsprechend auch in bestimmte infrastrukturelle Entscheidungen mit einbezogen. Wiederholte Auseinandersetzungen zwischen der Universität und der Gemeinde hat es in diesem Zusammenhang im Bereich der Verkehrsführung für die Zufahrt zum Campus gegeben. Aufgrund der Mobilitätsanforderungen der Universitätsangehörigen und der Notwendigkeit, regelmäßig externen Dienstleistern und Lieferanten Zutritt zum Universitätsgelände zu verschaffen, kommt es in bestimmten Teilen Neubibergs zu einem verstärkten Verkehrsaufkommen. Dieses belastet insbesondere einige Wohngebiete in der unmittelbaren Nachbarschaft der UniBw M.

Die Bemühungen, die Universität möglichst gut in die Gemeinde zu integrieren, werden des Weiteren durch den das Universitätsgelände umgebenden Zaun erschwert. Zwar wird der Zutritt auf den Campus nach Vorlage des Personalausweises gewährt, aber das Procedere erschwert aus Sicht der Gemeinde den Kontakt zwischen den umliegenden Gemeinden mit den Universitätsangehörigen und führt zu einer Entfremdung zwischen der UniBw M und den Bürgern der umliegenden Gemeinden. Einige Bürger nehmen aus Sicht der Gemeinde den Zaun gar als regelrechtes Ärgernis wahr, da er den Zugang für Neubiberger Bürger zum sich südlich an das Universitätsgelände anschließenden Landschaftspark Unterhaching maßgeblich erschwert, zumal es an dieser Stelle keinen Ausgang aus dem militärischen Bereich gibt. Tatsächlich wird dieser Punkt auch in der direkten Befragung der Bürger immer wieder adressiert (vgl. Kapitel 5.3).

Eine wichtige Rolle spielt die UniBw M auch bei der Realisierung kommunalpolitischer Ziele. So legt Neubiberg, ebenso wie die Gemeinden Unterhaching und Ottobrunn, ein großes Augenmerk auf den Umwelt- und Klimaschutz und beteiligt sich an der Energievision des Landkreises München. Diese Energievision verfolgt das Ziel, den Gesamtenergieverbrauch bis zum Jahr 2050 auf 40% des Niveaus von 2006 zu reduzieren und diesen vollkommen aus erneuerbaren Energie zu decken (Gemeinde Neubiberg 2017c). Schon alleine aufgrund ihrer Größe ist die UniBw M hierbei mit einem jährlichen Heizwärme- und Stromverbrauch von annähernd 80 GWh (siehe Kapitel 2) ein wichtiger Akteur. So verwundert es nicht, dass die Umstellung der Heizwärmegewinnung auf Fernwärme und die damit verbundene Reduktion des Energieverbrauches auf 74 GWh im Jahr 2014, sowie der Einkauf von 100% erneuerbarem Strom seit 2010 von der Gemeinde sehr positiv gesehen wird.

Als erste Fairtrade-Gemeinde im Landkreis München legt Neubiberg weiterhin großen Wert auf den Verkauf und den Konsum von bio-fair-regionalen Produkten. Um den Kriterien für eine Fairtrade-Gemeinde gerecht zu werden, müssen neben Geschäften und Gastronomiebetrieben auch soziale und Bildungseinrichtungen Fairtrade-Produkte anbieten bzw. verwenden sowie Aufklärungskampagnen in diesem Bereich durchführen (Gemeinde Neubiberg 2017b). Seitens der Gemeindeverwaltung besteht der Wunsch, die Unibw M hier als Fairtrade-Partner zu gewinnen. Tatsächlich ließe sich eine Beteiligung gut mit einigen Kriterien verbinden, die vom Bund in seinem Maßnahmenprogramm Nachhaltigkeit von der Universität gefordert werden (Bundesregierung 2015). Beispielsweise empfiehlt der Leitfaden, dass beim Catering und bei Gastgeschenken saisonale Produkte aus ökologischem Anbau und fair gehandelte Produkte bevorzugt werden sollten (Dubrikow et al. 2015). Auch die Anstrengungen des Casinos vermehrt Speisen aus ökologischem Anbau anzubieten, würde sich sowohl mit Vorgaben des Maßnahmenkataloges Nachhaltigkeit als auch dem Fairtrade-Gedanken decken.

Da das Maßnahmenprogramm Nachhaltigkeit von allen Ministerien und den jeweils ersten nachgeordneten Ebenen (und somit auch von der UniBw M) umgesetzt werden soll, könnte hier eine stärkere Zusammenarbeit mit der Gemeinde Neubiberg eine win-win Situation für Gemeinde und Universität darstellen.

5.3 Die UniBw M in der Wahrnehmung der Bevölkerung

Um die Sichtweise der Bevölkerung zu reflektieren, wurden etwas mehr als 160 Bürger aus den umliegenden Gemeinden Neubiberg, Ottobrunn und Unterhaching befragt. Die Befragung erfolgte mit Zustimmung der Gemeinden durch zwei Masterstudierende der UniBw M im Zeitraum vom 6. bis zum 28. Februar 2015 vorwiegend vor oder innerhalb der jeweiligen Rathäuser.[25] Zur Anwendung kam ein halboffener Fragebogen, der neben persönlichen Merkmalen die Bedeutung der UniBw M als Institution und der Studierenden für die Gemeinden thematisierte.

In den meisten Fällen wurden Besucher der Bürgerämter während ihrer Wartezeit befragt, wodurch eine hohe Bereitschaft zur Teilnahme gegeben war. Ein Blick auf die soziographischen Merkmale verdeutlicht, dass sich die Teilnehmer etwa gleichgewichtig auf die beiden Geschlechter und die drei Gemeinden verteilen und allen Altersgruppen (ab 15 Jahren) angehören. Zu beachten ist jedoch, dass der Anteil der Befragten über 65 Jahre mit knapp 12% etwas geringer ausfällt als der korrespondierende Anteil in der Bevölkerung und dafür die junge Bevölkerung (15-29 Jahre) mit 30% etwas überrepräsentiert ist.

Im Ergebnis gaben nahezu 100% der Teilnehmer an die Universität der Bundeswehr zu kennen oder von ihr gehört zu haben. Insgesamt 89 der 163 befragten Personen (ca. 55%) waren bereits einmal auf dem Gelände der Universität. In diesem Fall wurde weiter nach dem Anlass des Besuchs gefragt. Hierbei konnten auch mehrere Gründe angegeben werden. Die meisten Nennungen (36) bezogen sich auf Veranstaltungen wie den Tag der offenen Tür, die Kinder-Uni oder den Besuch einer kulturellen Veranstaltung. In 28 Fällen wurden sportliche Aktivitäten zum Anlass genommen (Schwimmen, Tennis, Fitness, Joggen, etc.) und in 19 Fällen besuchten die befragten Personen Freunde, Feiern oder Partys. Sonstige Gründe waren Spaziergänge, Bibliotheksbesuche und Schulpraktika (Abbildung 5.2).

---

[25] Um möglichst neutral aufzutreten, wurde die Befragung von den Studierenden in ziviler Kleidung durchgeführt.

Abbildung 5.2 Gründe für den Besuch des Universitätsgeländes (Mehrfachnennungen möglich)

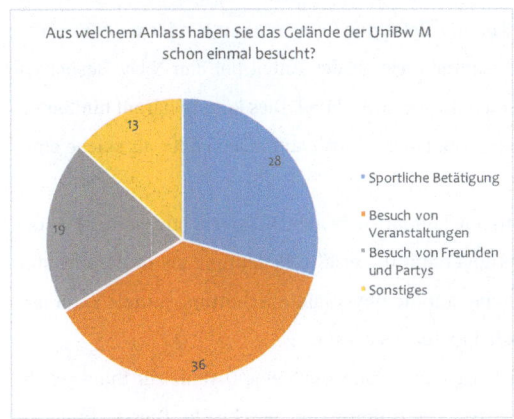

Quelle: Bevölkerungsbefragung

Da schon in einer der eigentlichen Befragung vorausgegangen Pilotstudie ein nicht unerheblicher Teil der Befragten den Campus noch nicht besucht hatte, wurden in der Hauptbefragung alle Teilnehmer nach möglichen Hindernissen für einen Besuch gefragt. In Abbildung 5.3 wird hierbei zwischen Besuchern (alle Befragten, die den Campus wenigstens einmal betreten haben) und Nicht-Besuchern (alle Befragten ohne Erfahrungswissen) differenziert.

Abbildung 5.3 Wesentliche Hindernisse für den Besuch des Universitätsgeländes

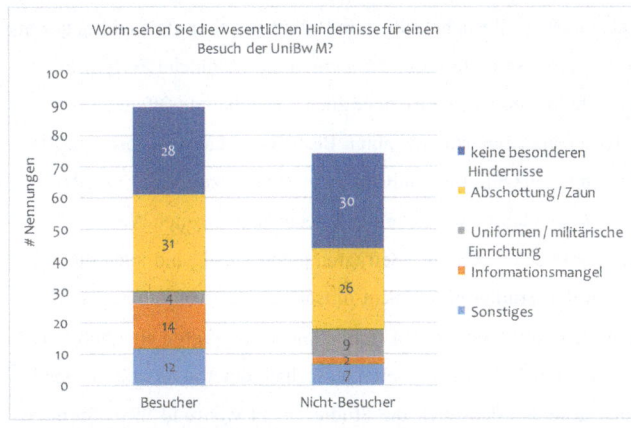

Quelle: Bevölkerungsbefragung

Die Befragung war offen, so dass die Antworten im Nachgang kategorisiert wurden. Es kristallisierten sich jedoch schnell wichtige Kategorien heraus. Zunächst ist festzuhalten, dass ein nicht unerheblicher Teil der Befragten keine großen Hindernisse für einen Besuch ausmachen konnte. Interessanterweise ist der Anteil bei den Nicht-Besuchern mit rund 40% sogar größer als bei den Besuchern (31%). Dies könnte darauf hindeuten, dass einige Hindernisse erst beim tatsächlichen Besuch auftauchen oder als solche empfunden werden.

Unter den genannten Hindernissen kommt in beiden Gruppen mit rund 35% der Nennungen der Abschottung der Universität die größte Bedeutung zu. In den meisten Fällen wird in diesem Zusammenhang auf die physische Abschottung mittels Zaun und sehr eingeschränkten Zugangsmöglichkeiten verwiesen.

Immerhin 12% der Nicht-Besucher gaben an allgemein eine Distanz zur Bundeswehr zu haben und werden beispielsweise durch Uniformen abgeschreckt. Dieses Hindernis ist bei der Besuchergruppe deutlich geringer ausgeprägt (4%). Dies mag einerseits an der prinzipiell positiveren Grundeinstellung der Besuchergruppe gegenüber der Bundeswehr liegen, könnte andererseits aber auch der Erfahrung geschuldet sein – tatsächlich begegnet man auf dem Campus ganz überwiegend Studierenden und Universitätsangehörigen in ziviler Kleidung.

Umgekehrt verhält es sich bei den fehlenden Informationen. Dies wird von immerhin 15% der Besuchergruppe als Hindernis wahrgenommen, jedoch nur von rund 3% der Nicht-Besucher. Möglicherweise haben die Befragten aus der Besuchergruppe prinzipiell ein größeres Interesse an Angeboten der Universität und fühlen sich dann schneller schlecht informiert, als die Nicht-Besucher, die dem Unibetrieb eher gleichgültig gegenüberstehen. Sonstige Hindernisse inkludieren zum einen die räumliche Entfernung der Universität zum Wohnort. Zum anderen wird aber auch eine fehlende Offenheit der Studierenden und Mitarbeiter als Hindernis für einen Besuch des Campus gesehen. Diese seien, so die Befragten, „nicht gewillt mit den Bürgern in Kontakt zu treten", sie „dächten sie wären etwas Besseres" und lebten wie auf einer Insel in ihrer eigenen Welt.

Obwohl diese Meinung nur von wenigen Befragten geteilt wird, sind auch die abgefragten Assoziationen zu den Studierenden nicht unisono positiv konnotiert (siehe Tabelle 5.1). Hier werden den Studierenden von rund 11% der Befragten eine hohe Arroganz und von 10% ein zu militärisches Auftreten außerhalb der Universität vorgeworfen. Negativ wird auch gesehen, dass sich die Studierenden während ihres Studiums kaum in das Gemeindeleben integrierten, und die Region jedes Wochenende verlassen würden (6%). Schließlich legten die Studierenden, so 4% der Befragten, ein zu aggressives Fahrverhalten an den Tag.

Dem gegenüber halten rund 18% der Befragten die Studierenden für sehr höflich und respektvoll, 10% assoziieren mit den Studierenden vor allen Dingen eine Verjüngung der Region und ebenso viele verweisen auf die guten sportlichen Fähigkeiten, die die Studierenden in die umliegenden Vereine einbrächten.[26] Immerhin 7% assoziieren mit den „gut verdienenden Studenten" eine zusätzliche Kaufkraft für die Region.

Viele Assoziationen werden nur einmalig genannt und lassen sich kaum einer Kategorie zuordnen. Insgesamt gibt es ein, wenn auch nur leichtes, Übergewicht der positiven Assoziationen. So haben 47% der Befragten positive und 44% negative Assoziationen genannt. Ein Teil der negativen Assoziationen richtet sich jedoch nicht gegen die Studierenden als Person, sondern eher gegen Probleme allgemeinerer Natur, wie z.B. Verkehrsbehinderungen durch zu viele Studierende oder die zu kurze Standzeit der Offiziersanwärter.

Tabelle 5.1   Meist genannte Assoziationen zu Studierenden der UniBw M

Was fällt Ihnen spontan ein, wenn Sie an die Studierenden der UniBw M denken?			
Positive Assoziationen	Anteil der Befragten	Negative Assoziationen	Anteil der Befragten
Haben guten Charakter (höflich, nett, respektvoll)	17%	Haben schwierigen Charakter (arrogant, frech)	11%
Verjüngen die Region	10%	Zu militärisches Auftreten außerhalb des Campus	10%
Bringen sportliche Fähigkeiten in die Vereine ein	9%	Keine Lust am Gemeindeleben teilzuhaben	6%
Bringen zusätzliche Kaufkraft	6%	Aggressives Fahrverhalten	4%

Quelle: Bevölkerungsbefragung

Neben den persönlichen Erfahrungen wurde auch nach der Bedeutung der UniBw M für die Region insgesamt gefragt. Hierzu konnten die Befragten zunächst Bewertungen zur Bedeutung der Universität als Arbeitgeber, Forschungseinrichtung sowie als Aus- und Weiterbildungsstätte vornehmen. Die abgegebenen Noten, die sich am Schulnotensystem orientieren, liegen im Durchschnitt für alle drei abgefragten Bereiche zwischen

---

[26] Während sich die Einschätzung bzgl. der sportlichen Fähigkeiten mit obigen Ausführungen deckt, wird der für die Region nicht minder bedeutsame Einsatz der Studierenden für die freiwillige Feuerwehr lediglich einmal genannt.

2,2 (für die Rolle als Forschungseinrichtung) und 2,4 (für die Bedeutung als Aus- und Weiterbildungsstätte). Die Bedeutung der Universität als Arbeitgeber (im Schnitt mit 2,3 bewertet) ist der Bevölkerung also durchaus bewusst. Diese zwar nicht *sehr gute* aber immerhin *gute* Bewertung erklärt auch, dass nahezu 75% der Befragten der UniBw M mehrheitlich eine wichtige oder sehr wichtige Bedeutung für die Entwicklung der umliegenden Gemeinden beimisst (Abbildung 5.5).

Abbildung 5.4 Bedeutung der UniBw M für die Region insgesamt

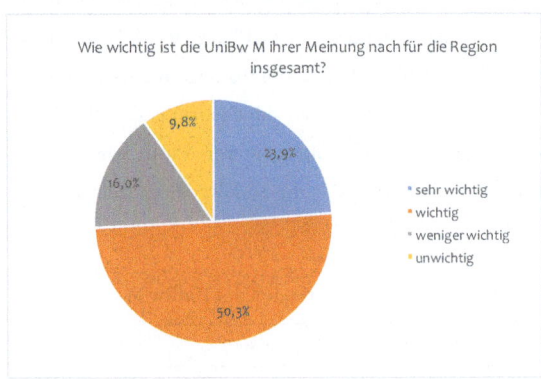

Quelle: Bevölkerungsbefragung

5.4 Fazit

Die regionale Bedeutung der UniBw M für die umliegenden Gemeinden ist nicht auf die Rolle eines konjunkturellen Impulsgebers oder einer regional vernetzten Forschungsstätte begrenzt, sondern inkludiert in vielfältiger Weise auch soziokulturelle Effekte. Wichtige Impulse gehen dabei sowohl von der Universität als Institution als auch von den Studierenden aus.

Auf institutioneller Seite sind zum einen diverse Sportstätten und die Bibliothek zu nennen, die nicht nur den Mitgliedern der UniBw M, sondern (mit Einschränkungen) auch den Bürgern offenstehen. Zum anderen bietet die UniBw M durch vielzählige Veranstaltungen den Bürgern die Möglichkeit die Universität näher kennenzulernen. Neben dem Tag der offenen Tür oder dem Tag der Bundeswehr sind insbesondere die Kinder-Uni und kulturelle Veranstaltungen gut besucht.

Für eine weitere Verankerung zwischen Universität und Region sorgen die Studierenden durch ihr vielfältiges Engagement in den Vereinen und den Einsatzorganisationen. Hervorzuheben ist die von den Vereinen geäußerte hohe Kompetenz als Übungsleiter und das Engagement in der freiwilligen Feuerwehr.

Während die regionale Verankerung von Vertretern der UniBw M und der Kommunalpolitik in diversen Interviews weitgehend bestätigt wird, ist die Wahrnehmung in der Bevölkerung ambivalent. Einerseits machen viele Bürger von den angebotenen Möglichkeiten Gebrauch und betonen die Bedeutung der Studierenden insbesondere für die Sportvereine. Ein nicht unbedeutender Teil der Befragten steht der regionalen Verankerung sowohl der Universität als auch der Studierenden jedoch skeptisch gegenüber. Dieser Teil nimmt die Universität als abgeschottete Welt, als „Gemeinde in der Gemeinde" wahr. Hierzu trägt an erster Stelle die Umzäunung des Campus bei. Aber auch die kurze Studienzeit der Offiziersanwärter (für die Bundeswehr ja gerade ein Pluspunkt) und das geringe Interesse der Studierenden während dieser Zeit am Gemeindeleben teilzunehmen wird thematisiert.

Eine ebenfalls durchgeführte Befragung von mehr als 200 Studierenden, die im Kern ein anderes Thema behandelt hat und hier nicht weiter diskutiert werden soll, deutet darauf hin, dass sich ein Großteil der Studierenden hier nicht heimisch fühlt und am Wochenende auch weite Strecken in Kauf nimmt, um nach Hause zu fahren. Dies spricht für die Einschätzung der Bevölkerung. Umgekehrt wird das Engagement der Studierenden, z.B. in der freiwilligen Feuerwehr, von der Bevölkerung eher unterschätzt.

Trotz der Ambivalenz, die in der Befragung insbesondere zur regionalen Verbundenheit zutage tritt, sieht ein Großteil der Bevölkerung die UniBw M als Bereicherung für die Region. Hierauf aufbauend ließe sich die wechselseitige Verbundenheit von Universität und der Bevölkerung durch folgende drei Punkte verbessern:

- Vereinfachung der Zu- und Durchgangsmöglichkeiten insbesondere für Fußgänger und Fahrradfahrer.
- Fortführung beliebter Angebote und Veranstaltungen sowie die Entwicklung neuer Formate. Beispielhaft ist etwa eine Nacht der Wissenschaft oder eine stärkere Einbindung der Gemeinden im Rahmen einiger Veranstaltungen denkbar.[27] So könnten die umliegenden Gemeinden zum Beispiel ihre lokalen Agenden zur Senkung des Energieverbrauchs vorstellen.

---

[27] Die Idee neue Formate auszuprobieren, um die UniBw M der regionalen Bevölkerung und den regionalen Unternehmen noch näher zu bringen, kam im Interview mit der Pressestelle zur Sprache.

- Um die Beteiligung der Studierenden am Gemeindeleben zu erhöhen, wäre ein verbesserter Informationsaustausch über alle Medien wünschenswert. Vielleicht finden sich in Absprache auch gemeinsame Formate, die dann sowohl von der UniBw M als auch der Gemeinde beworben werden.

6 Die Bedeutung der Region für die UniBw M

Sowohl große als auch kleine Universitäten sind als bedeutender Stakeholder immer auch in die regionale Struktur eingebettet. Wie im vorliegenden Fall zählen sie zu wichtigen Arbeitgebern der Region und ohne Ausnahme üben sie vielschichtige ökonomische, kulturelle und soziale Impulse auf ihre nähere und weitere regionale Umgebung aus. Umgekehrt wirken sich die verschiedenen Eigenschaften und Qualitäten der lokalen Umgebung einer Universität aber auch auf die Möglichkeiten und Entwicklungschancen der Universität aus. Das folgende kurz gehaltene Kapitel geht daher der Frage nach, welche Bedeutung die umliegende Region für die UniBw M hat.

Zu beachten sind hierbei zunächst generelle über die Zeit gewachsene und lieb gewonnene Verankerungen. Einmal abgesehen davon, dass die Region für einen Großteil der Mitarbeiter Heimat ist, in der sie und ihre Familien verwurzelt sind, reichen die konkreteren Beispiele von der Nutzung des gemeindlichen Sportzentrums zur Veranstaltung von Turnieren der Universitätsmannschaften, über die kommunale Förderung eines Kindergartens auf dem Campusgelände, der sowohl Kinder aus der Gemeinde als auch von Universitätsangehörigen beheimatet, bis hin zur Bereitstellung von Praktikumsplätzen für Studierende und die Finanzierung von Juniorprofessuren durch die umliegenden Firmen.

So wichtig diese allgemeinen Formen der regionalen Verankerung für die Universität, die Mitarbeiter oder Studierenden heute auch sein mögen, so sind sie prinzipiell nicht an einen bestimmten Standort gebunden, sondern vielmehr charakteristisch für die Einbettung von Hochschulen an ihren jeweiligen Standorten. Bei einem Fortzug fielen diese Verankerungen weg, aber sie würden sich an anderer Stelle in gleicher oder sehr ähnlicher Form wieder manifestieren.

Um die spezifische Bedeutung der Region für die UniBw M abzuschätzen spielen daher strukturelle Bedingungen, an anderen Standorten nicht oder nicht in dieser Form gegeben sind, eine wichtigere Rolle. Für die UniBw M zählt hierzu insbesondere die Nähe zum *Ludwig Bölkow Campus (LBC)*, der sich etwa vier Kilometer südlich der Universität in Taufkirchen befindet. Der LBC verfolgt zuvorderst das Ziel, Kooperationen im Bereich der Luft- und Raumfahrt und Sicherheitstechnologie zu intensiveren. Aufgrund der hochrangigen Partner sowohl aus der Wissenschaft als auch Industrie[28], stärkt dies nicht nur die Wettbewerbsfähigkeit der Region in diesen Bereichen, sondern es eröffnen sich für alle Beteiligten vielfältige Möglichkeiten zur Zusammenarbeit, wie z. B. gemeinsame Publikationen oder Projekte.

Aus Sicht der UniBw M profitiert hiervon in erster Linie die Fakultät Luft- und Raumfahrttechnik, die bereits in vielfältiger Weise in Kooperationen mit den anderen wissenschaftlichen sowie den Industriepartnern eingebunden ist. Die Auswirkungen bleiben jedoch nicht auf diesen Fachbereich beschränkt. So wird seit 2015 auf dem LBC der Studiengang *Aeronautical Engineering* angeboten, der von der Fakultät für Maschinenbau getragen wird. Der duale Bachelorstudiengang mit 4,5 Jahren Regelstudienzeit wurde gemeinsam mit der Luftwaffe entwickelt und ist ausschließlich den Angehörigen des Fliegerischen Dienstes der Luftwaffe und der Marine vorbehalten. Im Rahmen seiner Einführung ergänzen seit Oktober 2015 die Mitarbeiter von sechs weiteren Professuren das wissenschaftliche Personal der UniBw M.

Die starke Einbindung dieser beiden Fakultäten führt schließlich zu einer verstärkten Sichtbarkeit der UniBw M als wissenschaftlicher Einrichtung in der Region (und darüber hinaus), die wiederum der Universität als Ganzes zugutekommt.

Obwohl die UniBw M bei der Realisierung des LBC als Partner aktiv mitgewirkt hat (und somit selbst Impulsgeber war), ließ sich dieses Gemeinschaftsprojekt letztlich nur durch die besondere regionale Struktur und die Konzentration wichtiger Akteure im Bereich der Luft- und Raumfahrt realisieren. Zwar wären ähnliche Konstellationen (möglicherweise in anderen Bereichen) prinzipiell auch an anderen Standorten, etwa im Raum Stuttgart, Frankfurt, Hamburg oder Berlin, denkbar, dennoch kann der LBC als wichtige regionale Voraussetzung für die Entwicklung der Universität gesehen werden. Insbesondere wurden hierdurch exzellente Voraussetzungen für die zukünftige Forschung einer national und international bereits heute sehr renommierten Fakultät für Luft- und Raumfahrttechnik geschaffen. Die Bedeutung der Region für die Universität geht hier sicher über die normale regionale Verankerung hinaus.

Von ähnlich günstigen Voraussetzungen könnte auch der Aufbau des Forschungsbereiches Cyber-Security profitieren. Die bestehende Konzentration von lokal und regional ansässigen Unternehmen im Bereich IKT könnte sich im Zusammenspiel mit der Ansied-

---

[28] Zu den Partnern zählen neben der UniBw M, das Deutsche Zentrum für Luft- und Raumfahrt (DLR), die TU sowie die Hochschule für angewandte Wissenschaften München, die Airbus Group, die Industrieanlagen-Betriebsgesellschaft mbH (IABG), Siemens und Bauhaus Luftfahrt.

lung wichtiger Akteure in diesem Bereich (siehe Kapitel 7.2) als Schlüssel für einen nachhaltigen Erfolg dieses Vorhabens erweisen. In diesem Sinne wäre auch eine von Universität und Kommunalpolitik gemeinsam verfolgte Strategie von Vorteil.

7 Perspektiven, Highlights und Handlungsempfehlungen

7.1 Perspektiven

Die UniBw M befindet sich seit einigen Jahren im Wandel. Dies betrifft zunächst die umfassenden Sanierungsmaßnahmen und Neubauten, die den physischen Erneuerungsprozess der UniBw M markieren. Zum Teil ist dieser Prozess Ausdruck einer in die Jahre gekommenen Gebäudeinfrastruktur. Er ist aber auch das Ergebnis einer sich dynamisch entwickelnden Universität, welche nicht nur den steigenden gesellschaftlichen Bedürfnissen an die akademische Ausbildung im Allgemeinen, sondern aktuell auch den immer neuen Anforderungen einer sich im Wandel befindlichen Bundeswehr gerecht werden muss. Dies spiegelt sich beispielsweise in der 2016 ausgerufenen Trendwende wider, welche die seit Ende des Kalten Krieges kontinuierliche Verringerung des Personalbestandes und der Investitionen beenden soll.

Die Einsatzfelder der Bundeswehr sind bereits jetzt sehr vielfältig – sie reichen von der Wahrung der Sicherheit innerhalb Deutschlands und der Verteidigung des Landes vor externen Gefahren über internationale Bündnisverpflichtungen für die EU sowie die NATO bis hin zu internationalem Krisenmanagement und humanitärer Not- und Katastrophenhilfe (BMVg 2016a). Durch neue Herausforderungen wie der Abwehr von Terrorismus und Angriffen aus dem Cyberraum erhöht sich nun jedoch der Bedarf der Bundeswehr an Personal, Material und finanziellen Mitteln, um diesem wachsenden Aufgabenspektrum gerecht zu werden.

Der geplante Anstieg der Mitarbeiterzahlen hat auch Auswirkungen auf die Bundeswehruniversitäten, da sie zukünftig eine größere Anzahl an militärischen Führungskräften akademisch ausbilden sollen. Folglich wird es voraussichtlich allein an der UniBw M jährlich 120 zusätzlich immatrikulierte Studierende geben (Niehuss 2017), die im Rahmen ihres Bachelor- und Masterstudiums vier Jahre an der Universität verbleiben. Dementsprechend ist langfristig alleine im militärischen Bereich mit einer Zunahme der Studierendenzahlen um 480 Personen zu rechnen. Um den hierdurch entstehenden Mehrbedarf in der Lehre und in der Verwaltung decken zu können, wurden außerdem 130 weitere Dienstposten angefordert (Niehuss 2017), sodass auch im Bereich des Personals mit einem Anstieg der Personenzahl zu rechnen ist. Die in den vorigen Kapiteln skizzierten Impulse werden sich daher alleine durch die Trendwende nochmals deutlich verstärken.

In der Lehre erfordert darüber hinaus die kontinuierliche Weiterentwicklung bestehender sowie die Etablierung neuer zukunftsorientierter Studiengänge, wie z. B. Mathematical Engineering, Psychologie oder Management und Medien, zusätzliche und modern ausgestattete Lehrräume. Die Qualität der Lehre soll dabei in erster Linie durch eine Beibehaltung der sehr guten Betreuungsquote gewährleistet werden. Damit verbunden ist ein Bedarf an zusätzlichen Professuren, wissenschaftlichen Mitarbeitern und Lecturern. Neben der regulären Lehre ist in diesem Kontext auch das Weiterbildungsinstitut casc von Bedeutung, das sein Angebot kontinuierlich ausbauen soll und in einigen Bereichen zukünftig verstärkt Fachkräfte aus den umliegenden Unternehmen gewinnen könnte.

Auch die Entwicklungen im Bereich der Forschung lassen eine weitere Dynamik der UniBw M erwarten. Ein Blick in die Drittmittelstatistik offenbart, dass die Einwerbung dieser Mittel in den letzten Jahren über nahezu alle Fakultäten kontinuierlich angestiegen ist, ohne dass ein Ende dieses Trends absehbar wäre. Zur Durchführung dieser steigenden Zahl an Forschungsprojekten werden entsprechend mehr Büros und Labore benötigt. Zudem deutet sich schon heute eine weiterhin dynamische Entwicklung in zentralen durch die Forschungszentren (FZ) bzw. -institute (FI) eingerahmten Forschungsthemen an. Dies gilt für den Bereich Autonomes Fahren und Elektroantriebe (FZ MOVE), für Entscheidungen unter Risiko und den Schutz kritischer Infrastrukturen (FZ RISK) ebenso wie für die Sicherheit moderner Informations- und Sicherheitstechnologie (FI CODE) oder den Forschungsbereich Luft- und Raumfahrt (FZ MIRA), der durch die Einbettung in ein starkes regionales Innovationsnetzwerk immer neue Impulse erfährt.

Mit der Stärkung der Forschungszentren und -institute strebt die UniBw M dabei ganz bewusst eine Konzentration auf ausgewählte Forschungsschwerpunkte an. Diese Leuchttürme der Forschung sollen die Sichtbarkeit erhöhen und eine Profilierung in der hart umkämpften Münchner Forschungslandschaft sichern. Schon heute ist absehbar, dass hierbei dem Bereich Cyber Security (FI CODE) eine Schlüsselrolle zukommt. Die aktuellen Entwicklungen in diesem Bereich werden daher im Folgenden ausführlicher diskutiert.

7.2 Game Changer Cyber Security?

Der inkrementelle Wandel hin zu einer Wissens- und Informationsgesellschaft ist einer der Hauptmotoren unserer modernen Volkswirtschaft. Globalisierung, Vernetzung und Digitalisierung prägen unser Alltagsleben und sind einerseits mit vielen Annehmlichkeiten und Produktivitätssteigerungen verbunden. Auf der anderen Seite werden wir vom korrekten Funktionieren der Informations- und Kommunikationstechnologie und insbesondere vernetzter Systeme zunehmend abhängig und somit angreifbar für Cyberkriminalität.

Die starke Verwundbarkeit unserer Gesellschaft aus der digitalen Welt heraus macht sich aktuell im Hinblick auf Schadprogramme wie *Locky* oder *WannaCry* bemerkbar, welche die Dateien befallener Computer verschlüsseln und somit für den Nutzer nicht mehr zugreifbar machen. Betroffen waren u.a. der spanische Telefonkonzern *Telefonica*, der japanische Automobilproduzent Nissan sowie die Deutsche Bahn. Neben dem privaten und dem wirtschaftlichen Bereich sind zunehmend auch staatliche Institutionen wie das britische Gesundheitssystem oder der Deutsche Bundestag Hackerangriffen ausgesetzt. Die Abwehr von Angriffen aus der digitalen Welt ist somit längst nicht mehr nur die Aufgabe privater Unternehmen. Vielmehr kommt gerade der Bundeswehr, welche der Verteidigung sicherheitspolitischer Interessen dient, eine Schlüsselrolle zu. Das Weißbuch 2016 des Bundesverteidigungsministeriums macht entsprechend darauf aufmerksam, dass die „sichere und gesicherte sowie freie Nutzung des Cyber- und Informationsraums [...] elementare Voraussetzung staatlichen und privaten Handelns in unserer globalisierten Welt" (BMVg 2016a, S. 36) ist.

Mit Blick auf diese neuen Herausforderungen der Bundeswehr werden die bisherigen militärischen Organisationsbereiche Streitkräftebasis und Sanitätsdienst zukünftig um einen dritten Organisationsbereich Cyber- und Informationsraum (CIR) erweitert, in dem die gesamte Kompetenz der Bundeswehr zur Abwehr von Angriffen aus der digitalen Welt gebündelt werden soll. Dafür werden langfristig 15.000 militärische und zivile Mitarbeiter eingeplant. Der Informationsraum wird hierbei vom Bundesverteidigungsministerium als „der Raum, in dem Informationen generiert, verarbeitet, verbreitet, diskutiert und gespeichert werden" definiert, wohingegen der Cyberraum „der virtuelle Raum aller weltweit auf Datenebene vernetzten bzw. vernetzbaren informationstechnischen Systeme" (BMVg 2016a, S. 36) ist.

Im Zuge dieser Umstrukturierung sollen Offiziersanwärter an den Bundeswehruniversitäten gezielt für den Schutz dieses Cyber- und Informationsraumes wissenschaftlich ausgebildet werden. In diesem Zusammenhang rechnet die UniBw M mit jährlich 120 Studierenden, die an der Fakultät Informatik den neuen Masterstudiengang Cyber-Sicherheit belegen. Von diesen werden sich ab 2018 voraussichtlich 70 militärische Studierende aus dem Bachelorstudiengang Informatik rekrutieren. Zusätzlich ist angedacht, dass langfristig auch zivile Mitarbeiter von Bundesbehörden den Masterstudiengang absolvieren können. Zur Qualitätssicherung dieses neuen Lehrangebotes wurden zu den aktuell 16 Professuren in der Fakultät Informatik im Sommer 2016 zusätzlich 11 Professuren im Bereich Cyber-Security ausgeschrieben, die spätestens bis zum Beginn des neuen Masterstudiengangs besetzt sein sollen. Diese bundesweit einmalige Konzentration von Cyber-Professuren wird durch ca. 70 neu geschaffene feste Stellen für wissenschaftliche Mitarbeiter, Techniker und Verwaltungsangestellte noch gestärkt (UniBw M 2016d).

Parallel zu dem neu geschaffenen Lehrangebot wird das bisherige Forschungsinstitut Cyber Defence und Smart Data (CODE) zu einem Forschungs- und Innovationsnetzwerk für die Weiterentwicklung und den Schutz der Informations- und Kommunikationstechnologie ausgebaut. Aufbauend auf den langjährigen Forschungserfahrungen einschlägiger Professuren sowie den neugeschaffenen Professuren will die UniBw M den spezifischen Anforderungen an ein deutsches Cyber-Kompetenzzentrums, das als wissenschaftliches Fundament des neuen militärischen Organisationsbereiches Cyber- und Informationsraum dienen soll, gerecht werden. Die Forschungsschwerpunkte im Bereich der IT-Sicherheit orientieren sich hierbei an der deutschen Cyber-Sicherheitsstrategie und liegen insbesondere auf der Abwehr von Cyber-Kriminalität, der IT-Sicherheit von sich zunehmend autonom bewegenden Kraftfahrzeugen, Mobile Security, der Weiterentwicklung von Big Data zu Smart Data, dem Einsatz digitaler Technologien im Gesundheitswesen (e-Health) sowie der IT-Sicherheit kritischer Infrastrukturen und Netze. Diese Schwerpunktsetzung verdeutlicht, dass das neue Forschungsinstitut nicht nur die Kernkompetenzen von CODE umfasst, sondern auch die Expertisen weiterer universitärer Forschungszentren wie MOVE und RISK miteinfließen (BMI 2016; Niehuss 2017; UniBw M 2016d).

Zum Aufbau dieses neuen Forschungszweiges bedarf es neben dem sich aus dem hochqualifizierten Personalbestand speisenden Fachwissen außerdem eines geeigneten Umfeldes, das sowohl den Sicherheitsanforderungen beim Umgang mit hochsensiblem

Forschungsmaterial als auch den technologischen Anforderungen zur Entwicklung modernster IT-Lösungen gerecht wird. Diesen Bedürfnissen soll ein mehr als 7.000 Quadratmeter großer Neubau mit Forschungsstätten für verschiedenartige Untersuchungsgebiete wie der digitalen Forensik oder Malware-Analyse entsprechen (UniBw M 2016d). Das Gebäude soll unterschiedliche Sicherheitsstufen umfassen, sodass neben öffentlichen und halböffentlichen Bereichen auch geheime Sektionen für Verschlusssachenforschung zur Verfügung stehen (Niehuss 2017).

Mit der Kombination aus wissenschaftlicher Expertise und modernster abhörsicherer Technik erweist sich das neu geschaffene Forschungsnetzwerk auch als geeigneter Standort für andere Bundeseinrichtungen, deren Arbeitsschwerpunkt im Bereich der Cyber-Sicherheit verankert liegt. So kündigte das Bundesinnenministerium an, auf dem Campus die Zentrale Stelle für Informationstechnik im Sicherheitsbereich (ZITiS) zu errichten, die als Forschungs- und Entwicklungsstelle die staatlichen Sicherheitsbehörden in Sachen Cyber Security beraten soll. Bis 2022 sollen für die Behörde rund 400 Mitarbeiterstellen auf dem Campusgelände entstehen. Allein für 2017 sind im Bundeshaushalt 10 Millionen Euro an Sach- und Personalmitteln für ZITiS eingeplant (BMI 2017). Durch die Einrichtung der Behörde auf dem Universitätscampus sollen die Vergabe von Forschungsaufträgen vom Ministerium an das Forschungsinstitut und die damit verbundene Kommunikation erleichtert werden.

Wie oben bereits erwähnt ist das Thema Cyber-Sicherheit längst nicht nur militärisch zu verorten. Vielmehr sieht sich die Forschung hinsichtlich der Bedrohung durch Cyber-Kriminalität in beiden Nutzungsbereichen mit ähnlichen Herausforderungen konfrontiert, so dass es regelmäßig zu Überlappungen zwischen der zivilen und militärischen Forschung kommt. Ursprünglich für das Militär entwickelte Anwendungen können dann später auch zivilen Zwecken dienen und vice versa. Aus diesem Grund besteht auch seitens privater Unternehmen ein zunehmender Bedarf an der Entwicklung neuer Lösungsansätze, die auf vergleichbaren IT-Infrastrukturen basiert wie ihr militärisches Pendant. Insbesondere im Hinblick auf die speziell gesicherten Büro- und Laborräume sowie die Verfügbarkeit von abhörsicheren High-Tech Computersystemen ist dementsprechend mit einem gesteigerten Interesse privatwirtschaftlicher Unternehmen zu rechnen, die an der UniBw M vorhandenen attraktiven Gegebenheiten auch für eigene Forschungs- und Entwicklungsvorhaben zu nutzen. Diesem Interesse wird die UniBw M voraussichtlich durch die Annahme von Forschungsaufträgen in Form von Drittmittelprojekten einerseits und durch Forschungskooperationen auf Grundlage eines Memorandums of Understanding (MoU) andererseits entsprechen (Niehuss 2017).

Vor diesem Hintergrund wirkt sich auch die geographisch günstige Lage der Universität in einer sehr technikaffinen Region mit einer zunehmend starken Ansiedlung von IT-Unternehmen positiv aus. Beispielhaft wären hier Infineon in Neubiberg, IABG in Ottobrunn sowie Google und IBM in München zu nennen. Diese Entwicklung dürfte unter anderem durch die Zukunftsstrategie Bayern DIGITAL weiter gestärkt werden.

Noch sind genaue Zahlen nicht verlässlich abschätzbar, verläuft die Entwicklung jedoch in den aus heutiger Sicht vorgezeichneten Bahnen, so wird der zukünftige Schwerpunkt der Forschung an der UniBw M sehr wahrscheinlich im Bereich der Cyber-Sicherheit liegen. Die Auswirkungen für die UniBw M und die umliegenden Gemeinden sind ambivalent. Zweifellos öffnen die räumliche Nähe und die enge Vernetzung des Forschungszentrums mit IT-Unternehmen und Behörden aus dem Bereich der inneren Sicherheit das Feld für exzellente Forschung, die die Sichtbarkeit und Attraktivität sowohl der Universität als auch der Region erhöhen kann. Doch stehen den Chancen, wie bei jeder größeren strukturellen Veränderung, auch Risiken gegenüber. Im Folgenden sollen aus diesem Grund sowohl die positiven Effekte, welche die Entstehung des neuen Cyber-Forschungszentrums auf die UniBw M und auf die Region haben wird, beleuchtet werden, als auch auf Herausforderungen aufgezeigt werden, mit welchen sich die an seiner Umsetzung beteiligten Akteure gemeinsam auseinandersetzen müssen. Die Erhebung dieser Informationen basiert hauptsächlich auf Interviews mit der Präsidentin der Universität der Bundeswehr München, Frau Professor Merith Niehuss (Niehuss 2017) und der Senatsvorsitzenden, Frau Professor Eva-Maria Kern (Kern 2017).

Positive Effekte auf die Universität und die Region

Angesichts der Bedeutung von Cyber-Sicherheit sowie der Einzigartigkeit des Cyber-Zentrums in der deutschen Hochschullandschaft wird die Universität zukünftig vermehrt in den nationalen und internationalen Fokus der öffentlichen Aufmerksamkeit geraten. Die damit verbundene stärkere Sichtbarkeit eröffnet die Chance auf eine höhere Reputation. Diese käme einerseits der UniBw M bei der Anwerbung von Studierenden und Personal zugute, wobei auch nicht unmittelbar in die Cyber-Forschung involvierte Professuren hiervon profitieren können. Andererseits würde auch die Attraktivität des Münchner Südens als Forschungs- und Wirtschaftsstandort im IT-Bereich gesteigert werden, so dass mit einer vermehrten Ansiedlung von IT-Firmen und der damit verbundenen Schaffung von Arbeitsplätzen zu rechnen ist.

Von der angedachten Kooperation mit IT-Unternehmen aus der zivilen Wirtschaft, z.B. in Form eines Memorandum of Understanding (MoU), profitieren nicht nur die Unternehmen (etwa durch Zugriff auf die moderne und allen Sicherheitsanforderungen entsprechende Infrastruktur zur Entwicklung neuer und zur Verbesserung bestehender Anwendungen), sondern auch die Universität. Neben einer Stärkung der anwendungsorientierten Forschung ist insbesondere mit einem erhöhten Drittmittelaufkommen und somit mit zusätzlichen wissenschaftlichen Mitarbeitern zu rechnen.

Die verstärkte Zusammenarbeit mit Unternehmen außerhalb des militärischen Sicherheitsgeländes bietet darüber hinaus das Potential einer weiteren Öffnung der Universität in den zivilen Bereich hinein. So könnten Industriestipendiaten aus dem IT-Bereich zum geplanten Anstieg des Anteils an zivilen Studierenden von derzeit 9% auf voraussichtlich 20% beitragen (Niehuss 2017). Gelingt es die Stipendiaten aus dem regionalen Umfeld zu rekrutieren, könnte dies auch zur Öffnung der UniBw M innerhalb der Region beitragen und der öffentlichen Wahrnehmung einer zunehmenden Abschottung entgegenwirken.

Ebenso ist mit einer deutlichen Zunahme der von der UniBw M ausgehenden regionalen und lokalen Impulse zu rechnen, sowohl bezüglich der konjunkturellen als auch der Forschungsimpulse. Die konjunkturellen Impulse nähren sich aus dem deutlichen Anstieg der Mitarbeiterzahlen und der damit verbundenen Kaufkraft sowie den signifikant höheren Investitionsausgaben. Diese entfallen nicht nur auf die neu zu schaffende Gebäudeinfrastruktur, sondern auch auf fortwährende Investitionen in Soft- und Hardware, die im Bereich Cyber-Sicherheit naturgemäß hoch ausfallen. Mit Blick auf die ortsansässigen Firmen im Bereich der Informations- und Kommunikationstechnologie würden diese Ausgaben zu einem nicht unerheblichen Teil auch lokal wirksam. Für die nächsten vier Jahre sind hier Investitionen in Höhe von etwa 50 Millionen Euro für den Aufbau der notwendigen Infrastruktur sowie für das Personal vorgesehen (siehe Tabelle 7.1).

Tabelle 7.1 Geplante Investitionsausgaben für den Aufbau des Bereiches Cyber Security

Jahr	Geplante Investitionsausgaben
2017	10 Millionen Euro
2018	14,5 Millionen Euro
2019	14,5 Millionen Euro
2020	10,5 Millionen Euro
Ausgaben insgesamt	**49,5 Millionen Euro**

Quelle: UniBw M (2017)

Neben dem Bau weiterer Gebäude sind im Zuge der Erweiterung auch Infrastrukturmaßnahmen im Bereich der Verkehrsführung angedacht. Das derzeit stark frequentierte West-Tor, das direkt an ein Neubiberger Wohngebiet grenzt, könnte durch einen Ausbau anderer Zufahrtswege entlastet werden. Auf diese Weise könnte die Gemeinde Neubiberg ebenfalls zum Profiteur der aktuellen Entwicklungen werden. Eine weitere Möglichkeit, die Verkehrsbelastung durch den motorisierten Individualverkehr zu reduzieren, läge in einer weiteren Verbesserung der ÖPNV-Anbindung der Universität, die nicht zuletzt auch den umliegenden Wohngebieten zugutekäme.

Ein zusätzlicher Impuls, der von einer erfolgreichen Umsetzung der Cyber-Strategie ausgehen könnte, liegt in einer ansteigenden Zahl von Unternehmensgründungen aus den Forschungstätigkeiten der Universität heraus. Diese ergeben sich zum einen, da die enge Verzahnung von Industrie und Universität einen geeigneten Nährboden für die Gründung junger Unternehmen darstellt, die sich dann entweder auf dem Campus oder aber in unmittelbarer Nähe niederlassen könnten. Zum anderen sind in diesem Bereich von Seiten der Universität unterstützende Maßnahmen eingeplant. So sollen beispielsweise in dem neuen Cyber-Gebäude extra Büroräume für Start-Ups entstehen, damit die Gründer in der Anfangszeit auf die bestehende Infrastruktur zugreifen können. Das Fundament dieser Unterstützung stellt das von der Bundesregierung initiierte Cyber Innovation Hub dar, welches als „Schnittstelle zu Innovationsakteuren" dienen und „Mittel für die Beteiligung an Studien oder Start-ups" beisteuern soll (BMVg 2016a, S. 132). Da diese sogenannten generativen Effekte derzeit eher bescheiden ausfallen, könnte hierdurch außerdem ein Schwachpunkt der UniBw M überwunden werden. Ein Teil der Neugründungen wird sich auch in den umliegenden Gemeinden niederlassen, insbesondere falls die Gründer dort eine ähnliche Unterstützung erfahren

Herausforderungen für die Universität und die Region

Nicht nur die Chancen, sondern auch die Herausforderungen dieser strukturellen Veränderung sind beachtlich. Im vorliegenden Fall besteht das Risiko insbesondere in der Dimension, die der Forschungsbereich augenscheinlich schon in recht kurzer Zeit erreichen könnte. Ein organisches Wachstum ist hier, zumindest in der Anfangsphase, kaum möglich. Dieses schnelle Wachstum könnte sich sowohl für den Forschungsbereich Cyber-Sicherheit selbst, als auch für die anderen Forschungsbereiche als problematisch erweisen. Insbesondere, wenn die langfristig entstandenen Strukturen in der Verwaltung und an anderen Fakultäten mit dem schnellen Wachstum nicht mithalten können. Aus diesem Grund wird es zentral sein, neben der zunächst entstehenden Technik- und Gebäudeinfrastruktur auch klare Verwaltungsstrukturen und Kommunikationswege aufzubauen.

Des Weiteren ist zu beachten, dass es andere Forschungsbereiche aufgrund der hohen Bedeutung des neuen Schwerpunkts möglicherweise schwerer haben könnten zu wachsen. Zwar ist es eine gängige Strategie kleiner Universitäten, sich auf einigen wenigen Gebieten zu profilieren, dennoch ist die Vielfalt in der Forschung auch für die vermeintlich kleinen Universtäten unabdingbare Voraussetzung für ihre Zukunftsfähigkeit. Ohne Vielfalt in der Forschung verliert eine Universität an Resilienz, also an der Fähigkeit sich zu wandeln, Krisen zu überwinden und immer neuen (zunehmend transdisziplinären und komplexen) Herausforderungen in Forschung und Lehre zu stellen. Die Frage, welche Akzente die universitären Forschungsbereiche jenseits der Informatik setzen, wird diese Fähigkeit zu einem großen Teil mitentscheiden. Aus diesem Grund sollte die Universität parallel zum Aufbau des Cyber-Kompetenzzentrums auch auf eine klare und nach außen hin wahrnehmbare Profilierung anderer wissenschaftlicher Einrichtungen hinwirken.

Eine weitere Herausforderung stellt die vergleichsweise starke Nähe zu den Forschungsinteressen des Trägers und der involvierten Industriepartner dar. So wird etwa das dem neuen Kompetenzzentrum zugrundeliegende Forschungsinstitut CODE in den Rahmenbestimmungen der UniBw M als „zentrale wissenschaftliche Einrichtung zur Bündelung von Forschungsinitiativen der Bundeswehr und des Bundes im Bereich der Cyber-Sicherheit im Einvernehmen mit dem BMVg" (UniBw M 2016e, S. 35) bezeichnet. Gestärkt wird die Kooperation zwischen Bund und UniBw M zusätzlich durch die Errichtung der Bundesbehörde ZITiS auf dem Campus. Zum einen erleichtert dies zweifellos die Vergabe von Forschungsaufträgen seitens des Staates an das Cyber-Forschungszentrum. Zum anderen aber wird hierdurch auch eine gewisse Erwartungshaltung an die im Bereich der Cyber-Sicherheit tätigen Wissenschaftler offenbar, nämlich vom Bund avisierte Forschungsschwerpunkte zu bearbeiten. Hier besteht nicht nur die Gefahr, Forschung zunehmend nach den Vorstellungen des Trägers zu betreiben, es droht auch ein Verlust an Reputation und der Wahrnehmung als „echte Universität".

Vor diesem Hintergrund ist es essentiell, dass die Universität die Forschungsfreiheit auch im Bereich der Cyber-Sicherheit garantiert und dies glaubwürdig nach außen kommunizieren kann. In diesem Kontext können sich nicht zuletzt die geplante verstärkte Zusammenarbeit mit regionalen Unternehmen und die Forschung in unternehmerisch motivierten Anwendungsfällen als förderlich erweisen.

Schließlich ergeben sich durch das begrenzte zur Verfügung stehende Platzangebot ganz konkrete physische Engpässe. Der Campus der UniBw M erstreckt sich über eine Fläche von 140 ha und grenzt im Norden, Osten und Westen an Wohn- und Gewerbegebiete der Gemeinde Neubiberg sowie im Süden an den Landschaftspark der Gemeinde Unterhaching. Eine weitere Ausdehnung des Universitätsgeländes ist somit nicht möglich. Bereits zum jetzigen Zeitpunkt mangelt es jedoch an Parkplätzen und Studentenunterkünften auf dem Campus, was sich unter anderem durch notwendige Doppelbelegungen der Wohneinheiten bemerkbar macht.

Folglich sieht sich die Universität mit einer weiteren Herausforderung für ihre zukünftige Entwicklung konfrontiert – nicht nur der Neubau für die Unterbringung von Forschung und Lehre im Bereich Cyber-Sicherheit sowie das Gebäude für die Bundesbehörde ZITiS benötigen Platz, sondern es gibt hinzukommend einen steigenden Bedarf an Studentenunterkünften und Parkplätzen. Insbesondere vor dem Hintergrund, dass die in Zukunft anzuwerbenden Studierenden aus dem Bereich IT auf dem Arbeitsmarkt derzeit stark umkämpft sind, muss sich die Universität jedoch als attraktiver Studien- und Arbeitsstandort etablieren, was mit fortdauernden Doppelbelegungen der Wohneinheiten und Parkplatzmangel nicht vereinbar wäre. Diesen Anforderungen will die Universität durch umfangreiche Baumaßnahmen gerecht werden, wobei derzeitige Parkflächen für den Bau von Studentenunterkünften genutzt werden und der Bedarf an Parkplätzen durch Parkhäuser gedeckt werden soll. Die Attraktivität des Campusgeländes soll außerdem durch einen weiteren Sportplatz gesteigert werden. Auf die Gemeinde Neubiberg wirkt sich diese Entwicklung insofern negativ aus, als dass die Verleihung des ursprünglichen Musikkorps-Gebäudes zur Unterbringung von Flüchtlingen vor diesem Hintergrund voraussichtlich nicht verlängert werden kann.

Ein weiterer negativer Effekt könnte sich in der weiteren Verdichtung des bereits stark besiedelten Münchner Südens ergeben. Insbesondere das kräftige Wachstum des Personalbestandes wird zu einer vermehrten Nachfrage nach Wohnraum führen. Speziell im Hinblick auf ihre Attraktivität als Arbeitgeber ist es hier einerseits an der Universität, im Dialog mit den angrenzenden Gemeinden auf einen weiteren Ausbau von Wohnflächen hinzuwirken, um auch ihren zukünftigen Angestellten ein befriedigendes Maß an Lebensqualität durch sowohl kurze Arbeitswege als auch bezahlbaren Wohnraum bieten zu können. Die Gemeinden sehen sich demgegenüber mit dem Konflikt konfrontiert, trotz des steigenden Bedarfs an Wohnimmobilien ihren Bestand an Grünflächen für die Freizeitgestaltungs- und Naherholungsmöglichkeiten ihrer Einwohner zu erhalten.

7.3 Highlights

Seit Gründung der UniBw M im Jahre 1973 hat sich die UniBw M in der Bayerischen Hochschullandschaft als technische Universität etabliert. In vielen Bereichen ist die Forschung international sichtbar, etwa durch die Beteiligung von Wissenschaftlern der UniBw M an Weltraummissionen, Evakuierungs- und Wiederaufbaumaßnahmen nach Naturkatastrophen oder im Forschungsfeld autonomes Fahren. Mit dem Aufbau eines Forschungszentrums Cyber-Sicherheit formiert sich aktuell ein weiterer Forschungsleuchtturm, der zukünftig einen Fixstern in der deutschen Wissenschaftslandkarte darstellen könnte.

Gleichzeitig wecken diese Erfolge Erwartungen an die UniBw M, nicht zuletzt bei den regionalen Akteuren, die auch zukünftig von der UniBw M als regionalem Impulsgeber profitieren. Die vorherigen Kapitel beleuchten diese Rolle aus verschiedenen Perspektiven und liefern das Detailwissen für die im Folgenden dargestellten Highlights der Studie.

- Die UniBw M beschäftigte im Jahr 2014 etwa 1.300 zivile und 100 militärische Beschäftigte. Das wissenschaftliche Personal zählt rund 770 Mitarbeiter, darunter etwa 170 Professoren. Mit Blick auf die durchaus beachtliche Zahl an Mitarbeitern fällt die Zahl der Ausbildungsplätze eher bescheiden aus. Dieses Angebot auszuweiten hätte nicht nur den Vorteil eigene Kräfte auszubilden, sondern es

- böte sich auch die Chance, die regionale Verankerung zu stärken, zumal Auszubildende vergleichsweise oft aus der unmittelbaren Nachbarschaft der Ausbildungsstätten geworben werden.
- Zur gleichen Zeit waren an der UniBw M ca. 2.700 Studierende eingeschrieben, die sich auf rund 30 Studiengänge im universitären und dem HAW Bereich verteilen. Die Qualität der Lehre wird insbesondere durch den sehr niedrigen Betreuungsschlüssel gewährleistet. Ohne Berücksichtigung der drittmittelfinanzierten wissenschaftlichen Mitarbeiter liegt dieses Verhältnis bei etwa 5 Studierenden je Mitarbeiter im wissenschaftlichen Bereich.
- Die von den Mitarbeitern und Studierenden entfaltete Kaufkraft summierte sich im Jahr 2014 zu rund 58 Millionen Euro von denen ca. 26 Millionen Euro in der Europäischen Metropolregion München (EMM) wirksam wurden. Zusätzliche konjunkturelle Impulse ergaben sich aus der Nachfrage nach Sach- und Betriebsmittel sowie den getätigten Investitionen in Höhe von insgesamt rund 50 Millionen Euro, von denen wiederum 18 Millionen Euro in der EMM verbleiben.
- Der von der Entfaltung der Kaufkraft sowie den Ausgaben für Sachmittel und Investitionen ausgehende konjunkturelle Stimulus führt in der Region im Laufe der Zeit zu multiplikativen Effekten in Höhe von rund 18 Millionen Euro. Somit addieren sich direkt und indirekt wirksame regionale Impulse zu einem Volumen von rund 61 Millionen Euro, die innerhalb der EMM wirksam werden.
- Die lokalen Effekte für die umliegenden Gemeinden waren nicht trennscharf zu ermitteln, sie dürften im Jahr 2014 jedoch bei mindestens 3 Millionen Euro gelegen haben. In den kommenden Jahren wird die UniBw M zusätzliche Aufwendungen für Anmietungen außerhalb des Campus von ca. 1 Million Euro aufbringen, die ebenfalls lokal wirksam werden.
- Neben der Bedeutung als konjunktureller Impulsgeber generiert die UniBw M auch wichtige regionale Forschungsimpulse. Sowohl die Zahl der kooperativen Patentanmeldungen als auch die mäßige Beteiligung an kooperativen (durch nationale Fördermittel finanzierte) Forschungsprojekten deutet jedoch daraufhin, dass dieser Impuls im Vergleich zu ähnlich großen Universitäten eher bescheiden ausfällt und offensichtlich Potentiale bei der Vernetzung mit Akteuren der regionalen Wirtschaft brachliegen. Die bereits positive Entwicklung der Drittmitteleinwerbungen (mit einer aktuellen Quote von rund 23%) könnte durch eine stärkere Beteiligung an Verbundprojekten weiter gestärkt werden.

- Schließlich gehen von der UniBw M wichtige soziokulturelle Impulse aus. Dies gilt sowohl für die Universität als Institution (etwa durch diverse Veranstaltungen, die Bereitstellung universitärer Einrichtungen wie Bibliothek oder Sportstätten für die Bürger der umliegenden Gemeinden oder aber die Unterbringung von Flüchtlingen auf dem Universitätsgelände) als auch für die Mitarbeiter und Studierenden, die sich in zahlreicher Form in den Gemeinden engagieren. Zu nennen sind hier insbesondere die Einbindung der Studierenden in den Vereinen und Einsatzorganisationen.
- Bei einer Spiegelung der Perspektive von der Bevölkerung auf die Universität bzw. die Studierenden, zeigt sich, dass die Assoziationen gemischt ausfallen. Zwar hält ein Großteil der Bevölkerung die UniBw M insgesamt für einen Gewinn - zugleich wird aber die fehlende Transparenz und Offenheit kritisiert. Dies liegt nicht zuletzt an der Umzäunung und den geringen Zu- bzw. Durchgangsmöglichkeiten.

7.4 Handlungsempfehlungen

Die vorliegende Studie illustriert die vielfältigen Einflüsse einer Universität auf die umliegende Region. Zur Analyse dieser unterschiedlichen Impulse kamen im vorliegenden Fall diverse regionalökonomische und sozialempirische Methoden zur Anwendung. Die Ergebnisse deuten insgesamt auf ein durchaus erfolgreiches Zusammenspiel zwischen der UniBw M und anderen regionalen Akteuren hin. Gleichwohl wurden auch einige Schwächen aufgezeigt, die es abzustellen gilt. Basierend auf den vorliegenden Erkenntnissen werden daher abschließend Handlungsempfehlungen ausgearbeitet, die sich sowohl an die Leitungsgremien der UniBw M als auch an Vertreter der kommunalen Politik und Wirtschaft richten.

1. Die UniBw M stellt einen wichtigen konjunkturellen Impulsgeber für die umliegenden Gemeinden und die EMM dar und trägt somit direkt und indirekt zur Sicherung der regionalen Beschäftigung und Einkommen bei. Die Sichtbarkeit der Forschung erhöht darüber hinaus die Standortattraktivität der Region und fördert dadurch Gründungen sowie Neuansiedlungen wissensintensiver zukunftsfähiger Unternehmen. Dies gilt aktuell insbesondere für den Bereich und Luft- und Raumfahrt. Zukünftig dürfte dies in gleicher oder gar noch ausge-

prägterer Weise für den Bereich Sicherheitstechnologie und Cyber-Sicherheit gelten.

Der langfristige Erfolg basiert dabei nicht nur auf Entwicklungen innerhalb der Universität, sondern auch auf verlässlichen Rahmenbedingungen und einem damit verbundenen klar formulierten Bekenntnis der Region zur UniBw M und ihren Forschungsschwerpunkten. Im Bereich Luft- und Raumfahrt profitiert die Universität bereits von der regionalen Ansiedlung forschungsnaher Unternehmen und der Etablierung des Ludwig Bölkow Campus. Im Bereich Cyber-Sicherheit könnte unter Einbindung von Vertretern der Politik, der Wirtschaft und den Bürgern eine gemeinsame Vision entwickelt werden.

2. Moderne und international erfolgreiche Forschungseinrichtungen zeichnen sich nach den Worten des Präsidenten der TU München durch „disziplinäre Exzellenz, transdisziplinäre Organisation und internationale Vernetzung" (Herrmann 2012) aus. Mit den bestehenden Forschungszentren sowie dem in Planung befindlichen Bereich Cyber-Sicherheit ist die disziplinäre Exzellenz sicher gegeben. Die Inter- und Transdisziplinarität scheint gegenüber der disziplinären Exzellenz etwas in den Hintergrund zu rücken. Zwar ist die nationale und internationale Vernetzung in Einzelfällen gegeben, hier scheint jedoch der größte Nachholbedarf der Forschung an der UniBw M zu liegen. Dieser Analyse folgend empfehlen wir

- o die disziplinäre Exzellenz durch die kontinuierliche Verbesserung der Forschungsbedingung zu sichern und auszubauen. Im Rahmen von Neubesetzungen der Professuren könnte hierbei auch stärker als bisher um exzellente ausländische Wissenschaftler geworben werden.
- o die inter- und transdisziplinäre Forschung und Lehre zu fördern. Beispielhaft könnte hier die transdisziplinäre Forschung zu Entscheidungen und Risiken und zur Sicherung kritischer Infrastrukturen im Forschungszentrum RISK genannt werden. Auch die Anschlussmöglichkeiten im Bereich Cyber-Sicherheit gehen über das Forschungsfeld der Informatik hinaus und inkludieren u.a. Bereiche der Sozialwissenschaften (z.B. Recht, Ethik), Elektro- und Nachrichtentechnik, Logistik oder Luft- und Raumfahrttechnik (z.B. Navigationssysteme). Der Aufbau dieses Forschungsbereiches bietet die Möglichkeit, Inter- und Transdisziplinarität von Beginn an zu etablieren. Mit Blick auf den Bereich Cyber-

Sicherheit könnte man zudem die umliegenden Gemeinden in Projekte zur Cyber-Sicherheit in der öffentlichen Verwaltung einbinden.
- das brachliegende Potential bei Kooperationen mit regionalen forschungsnahen Unternehmen noch stärker als bislang zu nutzen. Hierfür könnte seitens der UniBw M eine Kompetenzdatenbank etabliert werden, in der die existierenden Kompetenzen der Professuren für potentielle Kooperationspartner aus Wirtschaft und Forschung sichtbar werden. Darüber hinaus könnte die Universität ein Forum für den regelmäßigen Austausch regionaler Unternehmen und den Forschern der UniBw M schaffen, etwa durch eine jährlich durchgeführte Forschungsbörse auf dem Campus. Hierbei sollten explizit auch kleine und mittlere Unternehmen angesprochen werden. Ein solcher Austausch zwischen regionalen Akteuren findet mittlerweile an vielen deutschen Hochschulen statt. Die Universität Bremen veranstaltet beispielsweise ein regelmäßiges *Forschungsfrühstück*, an dem einzelne Forschungsvorhaben kurz dargestellt und zu dem Vertreter aus der regionalen Wirtschaft und Politik eingeladen werden. Möglicherweise könnte der Freundeskreis der UniBw seine Aktivitäten in diese Richtung ausweiten.

3. Es ist unstrittig, dass die durch die Forschungszentren umrahmte Forschung wesentlich zur Sichtbarkeit der UniBw M beiträgt. Der Erfolg ist dabei zweifellos von einer erfolgreichen Forschung in den technischen Fakultäten sowie der Informatik abhängig. Dem Gros der zukünftigen Herausforderungen wird man jedoch nur mit umfassenden Ansätzen begegnen können. Hierzu zählen die Berücksichtigung von Technikfolgen sowie die Einbettung des technologischen Fortschritts in die wirtschaftliche und soziale Entwicklung einer Gesellschaft. Hierdurch wird deutlich, dass die geistes- und sozialwissenschaftliche Forschung auch an technisch ausgeprägten Universitäten unverzichtbar ist.

4. Aufgrund der Besonderheit der Studierendenschaft trägt die UniBw M in deutlich geringerem Maße zur Nachwuchssicherung der regionalen Wirtschaft bei als andere Universitäten vergleichbarer Größe. Diese Problematik lässt sich auch zukünftig nicht gänzlich beheben. Die angedachte stärkere Öffnung für zivile Studierende und der Ausbau der Weiterbildungsangebote könnten dieses Problem jedoch etwas mildern. Mit dem vom casc organisierten Unternehmensforum wurde hier bereits eine Plattform geschaffen, um die ausschei-

denden Offiziere und potentielle Arbeitgeber zusammenzubringen. An einigen Fakultäten gibt es bereits Alumninetzwerke, die hier ein Bindeglied darstellen könnten. In diesem Zusammenhang könnte zudem der Kontakt zu den regional ansässigen Unternehmen weiter intensiviert werden, um mit Hilfe der weiterführenden Studiengänge eine möglichst hohe Passgenauigkeit der Ausbildung für regionale Unternehmen zu schaffen.

5. Im Wettkampf um wissenschaftliche Mitarbeiter genügt es für die Universitäten längst nicht mehr, eine interessante Tätigkeit in einem soliden Umfeld zu gewährleisten. Dies gilt in besonderem Maße für die UniBw M, die Ihren Nachwuchs nur zu einem sehr kleinen Teil aus den Reihen der eigenen Absolventen rekrutieren kann. Vor diesem Hintergrund wäre die unter Punkt 2 bereits angesprochene Kompetenzdatenbank oder Forschungsbörse auch für potentielle wissenschaftliche Mitarbeiter von Interesse. Zudem könnte die UniBw M auch weiche Standortfaktoren, wie z.B. das gute Kinderbetreuungs- oder Sportangebot auf dem Campus stärker bewerben.

6. Der durchaus ambivalenten Bewertung der UniBw M durch die regionale Bevölkerung, die zwar die Bedeutung der UniBw M für die Region wahrnimmt, selber aber kaum Anteil an der Entwicklung der UniBw M nimmt, könnte in erster Linie durch mehr Offenheit und Transparenz begegnet werden. Hier wäre zweifellos der Rückbau der Umzäunung wünschenswert. Einige der angeführten Punkte für die Umzäunung sind für Außenstehende schwer zu beurteilen, etwa die aktuelle Gefährdungslage, und müssen den militärischen Experten überlassen werden, andere oft genannte Gründe ließen sich aber möglicherweise, wie in den ersten Jahrzehnten nach der Gründung, auch ohne Zaun regeln. So könnte der Autoverkehr nach wie vor über eine Schranke geregelt, die wenigen Waffen elektronisch geschützt und kritische Forschungsbereiche innerhalb des Campus umzäunt werden. Vermutlich wird es eine solche spezielle Sicherung innerhalb des Campusgeländes auch für das Forschungszentrum Cyber-Sicherheit geben. Gelingt der Rückbau nicht, so wäre jedenfalls zu überlegen, ob etwa eine größere Durchlässigkeit für Fußgänger und Fahrradfahrer erreicht werden könnte.

7. Unabhängig von etwaigen baulichen Maßnahmen ist eine Intensivierung der regionalen Verankerung anzustreben. Dies ließe sich z. B. über eine erhöhte Zahl an Auszubildenden, die erfahrungsgemäß überwiegend aus der lokalen

Nachbarschaft rekrutiert werden, oder eine Öffnung der Weiterbildungsmaßnahmen für Mitarbeiter regionaler Unternehmen bewerkstelligen.

Forschungsseitig könnten die Fakultäten stärker als dies bislang geschieht lokale Probleme adressieren und im Rahmen von Masterarbeiten oder Dissertationen angehen. Mit Blick auf die Stärke im Bereich Luft- und Raumfahrt sowie die aktuellen Entwicklungen zum Thema Cyber-Sicherheit könnte sich die UniBw M in existierende bayerischen Cluster zu diesen Themen einbringen (bavAIRia bzw. IT-Sicherheitscluster).

8 Anhang

8.1 Berechnung produktions- und nachfrageseitiger direkter und indirekter Effekte

Zur Ermittlung der produktionsseitigen multiplikativen Effekte werden die benötigten Inputs der n Sektoren mit den jeweiligen Outputs in Beziehung gestellt und in Form einer $n \times n$ starken Inputkoeffizientenmatrix A dargestellt. Jede Zelle a_{ik} der Matrix A steht dabei für den Anteil der Vorleistung aus Sektor i an allen Inputs, die Sektor k zur Produktion seines Outputs benötigt. Zu einem späteren Zeitpunkt beziehen wir uns auch auf eine $m \times n$ starke primäre Inputkoeffizientenmatrix A^p. In diesem Fall reflektiert a_{zk} den Anteil eines primären Inputs z (z. B. Löhne, Unternehmensgewinne, Abschreibungen auf Kapital), den Sektor k zur Produktion seines Outputs benötigt.

Unter Verwendung von Matrix A sowie der Einheitsmatrix E lässt sich die Beziehung zwischen der Endnachfrage Y^{29} und dem Produktionswert X formal gemäß Gleichung (A1.1) darstellen:[30]

(A1.1) $\quad X = (E-A)^{-1} Y$

X: n-elementiger Vektor der Produktionswerte

E: $n \times n$ starke Einheitsmatrix

A: $n \times n$ starke Inputkoeffizientenmatrix

Y: n-elementiger Vektor der Endnachfrage

n: Anzahl der berücksichtigten Produktionsbereiche

Der Logik des Input-Output-Ansatzes folgend, weisen die Spaltensummen der inversen Matrix $(E-A)^{-1}$ die produktionsseitigen sektoralen (regionalen) Output-Multiplikatoren aus. In der Regel steigen die multiplikativen Effekte mit dem (regiona-

---

[29] Unter Einbeziehung der Position „Gütersteuern – Subventionen auf Güter" entspricht die aufsummierte Endnachfrage gerade dem Bruttoinlandsprodukt (BIP).

[30] Die Input-Output-Literatur ist weitreichend. Eine Einführung in die Theorie liefern z. B. Fleissner (1993) oder Kurz et al. (1998). Astor et al. (2010) analysieren unter Verwendung eines Input-Output-Modells die regionalökonomischen Effekte, die von den Forschungseinrichtungen der Europäischen Metropolregion München ausgehen.

len) Verflechtungsgrad. Allerdings bleiben im obigen einfachen Model die durch die gestiegene Wertschöpfung ausgelösten Einkommenseffekte unberücksichtigt, so dass das Modell um ein keynesianisches Element erweitert wird (Pischner und Stäglin 1976, Kowalski und Schaffer 2012). Dem keynesianischen Gedankenmodell folgend, wird das BIP (Y) gemäß Gleichung (A1.2) als Summe der einkommensabhängigen sowie der autonomen (einkommensunabhängigen) Endnachfrage definiert:

(A1.2) $Y = C(Y) + N_a$ mit $C(Y) = cY$

Y: Bruttoinlandsprodukt (Summe der Endnachfrage)
$C(Y)$:   Konsum der privaten Haushalte in Abhängigkeit des aggregierten Einkommens
N_a: autonome Nachfrage (zinsunabhängige Investitionen, Staatsnachfrage)
c: marginale Konsumquote (Anteil des zu Konsumzwecken ausgegebenen Einkommens)

Bleibt die marginale Konsumquote konstant, so lässt sich das BIP (wie in Gleichung A1.3a dargestellt) alleine durch die Konsumquote, c, und den autonomen Konsum, N_a, erklären. Außerdem können unter dieser Annahme auch Veränderungen des BIPs (ΔY), die z. B. aus einer Erhöhung der autonomen Nachfrage (ΔN_a) resultieren, abgeschätzt werden (A1.3b):

(A1.3a) $Y = cY + N_a \Leftrightarrow Y = (1/(1-c)) N_a$ oder
(A1.3b) $\Delta Y = ((1/(1-c)) \Delta N_a$

Unter gleichzeitiger Berücksichtigung produktions- und nachfrageseitige Effekte lässt sich der Gesamteffekt am Ende der ersten Periode gemäß (A1.4) abschätzen (Pischner und Stäglin 1976, Kowalski und Schaffer 2012):

(A1.4) $\Delta Y_1 = \omega_1 \cdot \omega_2 \cdot A^P \cdot (I - A)^{-1} \cdot \Delta Y_0$

ΔY_1:   n-elementiger Vektor zusätzlicher Endnachfrage in Periode 1
ω_1:   n-elementiger marginaler Konsumvektor der privaten Haushalte

ω_2: Vektor der marginalen Konsumraten (nach m Kategorien der primären Inputs)

A^P: m x n Primäre Inputkoeffizientenmatrix

ΔY_0: n-elementiger Vektor der zusätzlichen (exogenen) Endnachfrage in Periode 0.

Zwar wird der zu erwartende Effekt in der ersten Runde am größten sein, der Prozess wiederholt sich aber in ähnlicher Weise noch über einige Perioden. Die Berechnung des jeweiligen Produktionseffektes erfolgt unter Verwendung von Gleichung (A1.5):

(A1.5) $\quad \Delta Y_t = \omega_1 \cdot \omega_2 \cdot A^P \cdot (I-A)^{-1} \cdot \Delta Y_{t-1}$

Der gesamte Nachfrageeffekt über alle Runden kann schließlich mit Hilfe der Gleichungen (A1.6) und (A1.7) ermittelt werden:

(A1.6) $\quad \Delta Y = \sum_{t=0}^{\infty} \Delta Y = (I + R + R^2 + ...) \cdot \Delta Y_0 = (I-R)^{-1} \cdot \Delta Y_0 \quad$ mit

(A1.7) $\quad R = \omega_1 \cdot \omega_2 \cdot A^P \cdot (I-A)^{-1}$

8.2 Erstellung einer regionalen Input-Output-Tabelle für die EMM

Die Höhe und Struktur der durch die UniBw M induzierten Ausgaben impliziert, dass sich die multiplikativen Effekte über die Grenzen Bayerns verteilen. Zur Analyse der regional wirksamen Effekte, ist daher zunächst eine Regionalisierung der Input-Output-Tabelle vorzunehmen. Die räumliche Eingrenzung sollte einerseits, zur besseren regionalen Zuordenbarkeit, möglichst eng gefasst werden, andererseits aber weit genug sein, um einen Großteil der Auswirkungen berücksichtigen zu können. Im vorliegenden Fall kommt eine Input-Output-Tabelle für die Europäische Metropolregion München zum Einsatz, die jedoch zunächst geschätzt werden muss. Die Erstellung der dazu benötigten regionalen Inputkoeffizientenmatrix basiert im besten Fall auf erhobenen regionsspezifischen Daten zur sektoralen Verflechtung. Liegen diese Daten wie im vorliegenden Fall nicht vor, so bietet sich alternativ die modellhafte Generierung regionaler Matrizen an.[31] Ausgehend von den inländischen Inputkoeffizienten erfolgt die Herunterskalierung unter Verwendung lokaler Quotienten (LQ), die auf branchenspezifischen regional verfügbaren Kenngrößen basieren und neben der Größe der Region auch die relative Bedeutung der verschiedenen Sektoren in der Region berücksichtigen.

Im einfachsten Fall kommt der *Simple Location Quotient* (SLQ) zur Anwendung, der für jede Branche als Quotient des Anteils der Beschäftigten in der Region und dem Anteil der Beschäftigten auf nationaler Ebene wie folgt definiert ist:

(A2.1) $$SLQ_i = \frac{\frac{b_i^r}{b_\Sigma^r}}{\frac{b_i^n}{b_\Sigma^n}} = \frac{b_i^r}{b_i^n} \cdot \frac{b_\Sigma^n}{b_\Sigma^r}$$

SLQ_i : Simple Location Quotient für Sektor i
b_i^r : regional Beschäftigte in Sektor i
b_Σ^r : regional Beschäftigte insgesamt
b_i^n : national Beschäftigte in Sektor i
b_Σ^n : national Beschäftigte insgesamt

Je größer/kleiner der Quotient, desto stärker/schwächer ist die jeweilige Branche in der Region vertreten. Bei einem Wert für den SLQ ≥ 1 erscheint es realistisch, dass die Branche in der Region ausreichend vertreten ist, um die Bedürfnisse der übrigen Produktionsbereiche und Endnachfrager zu befriedigen. Liegt jedoch für den SLQ ein Wert < 1 vor, so müssen zusätzliche Vorleistungen dieses Sektors aus anderen Regionen importiert werden. In diesem Fall würde die Übernahme der inländischen zu einer Überschätzung der regionalen Koeffizienten führen, so dass eine Anpassung unter Verwendung des SLQ anhand Gleichung (A2.2) erfolgt:

(A2.2) $$a_{ik}^r = SLQ_i \cdot a_{ik}^n$$

---

[31] Die regionale Input-Output Rechnung stellt ein in der Literatur eingehend diskutiertes Feld der Input-Output-Analyse dar (z. B. Dietzenbacher und Miller 2009, Flegg et al. 1995, Isard 1951). Der hier vorgestellte Ansatz folgt, falls nicht anderweitig gekennzeichnet, der in Lindberg (2010) dargestellten Vorgehensweise.

Ein Problem bei der Anwendung des SLQ besteht in dessen alleiniger Ausrichtung auf den produzierenden Sektor i, wohingegen die Struktur und Größe der belieferten Branchen unberücksichtigt bleibt. Dieser Nachteil wird durch die Anwendung des durch Gleichung (A2.3) definierten *Cross-Industry Location Quotient* (CILQ) behoben:

(A2.3) $\quad CILQ_{ik} = \dfrac{SLQ_i}{SLQ_k} = \dfrac{b_i^r}{b_i^n} \cdot \dfrac{b_k^n}{b_k^r}$

Die Anwendung des CILQ entspricht dem Vorgehen bezüglich des SLQ. Dabei berücksichtigt der CILQ zwar im Gegensatz zum SLQ die Relation von produzierendem und beliefertem Sektor, gleichzeitig offenbaren sich jedoch zwei neue Probleme. Zum einen bleiben die Koeffizienten der Diagonalen (i=k) immer unverändert, da sich hier definitorisch ein CILQ von 1 ergibt. Zum anderen geht die Information zur relativen Größe der Region (im Verhältnis zur nationalen Ökonomie) verloren.

Zur Behebung des ersten Problems bietet sich für die diagonalen Inputkoeffizienten (a_{ik} mit i=k) eine Anpassung anhand des SLQ anstelle des CILQ an (zumal hier der produzierende mit dem belieferten Sektor übereinstimmt). Die Lösung des zweiten Problems orientiert sich an einer in der Literatur vielfach beschriebenen Erweiterungen des CILQ gemäß Gleichung (A2.4) (Flegg et al. 1995, Flegg und Webber 2000, Lindberg 2010):

(A2.4) $\quad FLQ_{ik} = CILQ_{ik} \cdot \lambda$ mit

(A2.5) $\quad \lambda = (\log_2(1 + b_\Sigma^r / b_\Sigma^n))^\delta$ und $0 \leq \delta < 1$

Gleichung (A2.5) gewährleistet einen Wertebereich von λ zwischen 0 und 1. Mit zunehmender Größe der Region (gemessen an der Beschäftigung) nähert sich λ dabei konkav dem Wert 1 an. Für die Wahl von δ, das den Verlauf der Steigung bestimmt, hat sich in der Literatur ein Wert von 0,3 als geeignet erwiesen (Flegg und Webber 2000, Tomho 2004).

8.3 Zusätzliche Abbildungen

Abbildung A1 Campus-Übersicht

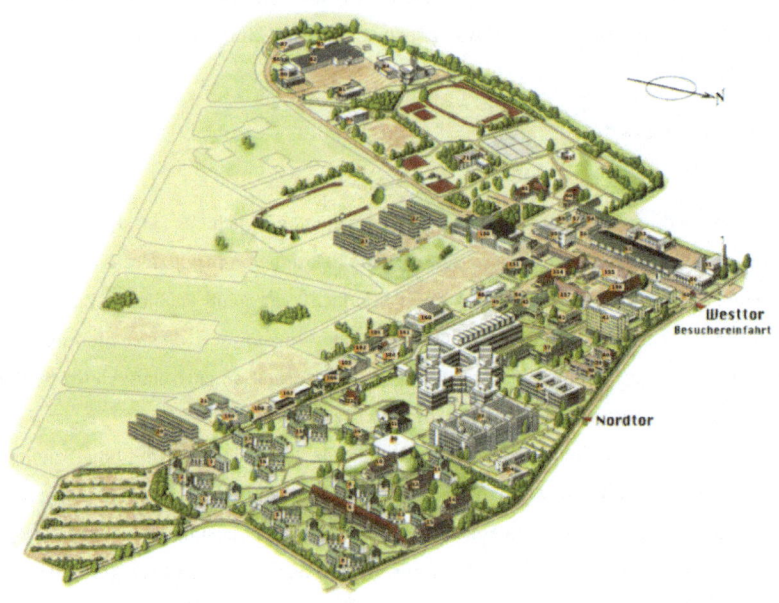

Abbildung A2 Volumen und Struktur der gesamten (äußerer Kreis) und regional wirksamen (innerer Kreis) Kaufkraft der Studierenden der UniBw M, Beschriftungen in Millionen Euro, Mindestkaufkraft

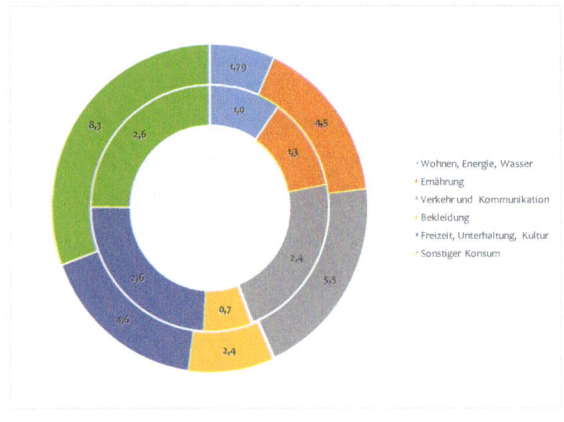

9 Literaturverzeichnis

Astor M, Klose K, Steden P, Heinzelmann S, Berewinkel J, Salameh N, Müller F, 2010: Impact-Analyse des Wissenschaftsstandortes Europäische Metropolregion München (EMM). Prognos, Basel.

bavAIRia, 2016: Willkommen beim Online-Portal für die bayerische Luft- & Raumfahrt und Raumfahrtanwendungen. http://www.bavairia.net/bavairia-ev/, Zugriff am 19.10.2016.

BIHK (Bayerische Industrie- und Handelskammertage e.V.), 2016: IHK Standortportal Bayern – Neubiberg. http://standortportal.bayern/de/BayStandorte/Oberbayern/Muenchen/Neu biberg.html, Zugriff am 26.10.2016.

BMBF (Bundesministerium für Bildung und Forschung), 2017: Förderkatalog. Bundesministerium für Bildung und Forschung, Bonn. http://www.foerderkatalog.de/ letzter Zugriff im Mai 2017.

BMI (Bundesministerium des Inneren), 2016: Cyber-Sicherheitsstrategie für Deutschland 2016. Bundesministerium des Inneren, Berlin.

BMI (Bundesministerium des Inneren), 2017: Startschuss für ZITiS. Pressemitteilung Bundesministerium des Inneren, Berlin. http://www.bmi.bund.de/SharedDocs/Pressemitteilungen/DE/2017/01/zitis-vorstellung.html, Zugriff am 16.04.2017.

BMVg (Bundesministerium der Verteidigung), 2016a: Weißbuch 2016 zur Sicherheitspolitik und zur Zukunft der Bundeswehr. Bundesministerium der Verteidigung, Berlin.

BMVg (Bundesministerium der Verteidigung), 2016b: Abschlussbericht Aufbaustab Cyber- und Informationsraum. Bundesministerium der Verteidigung, Berlin.

Bundesregierung, 2010: Nachhaltigkeit konkret im Verwaltungshandeln umsetzen - Maßnahmenprogramm Nachhaltigkeit. Staatssekretärsausschuss für nachhaltige Entwicklung, Beschluss vom 6. Dezember 2010.

BVB (BibliotheksVerbund Bayern), 2016: Willkommen beim Bibliotheksverbund Bayern. https://www.bib-bvb.de/, Zugriff am 04.11.2016.

BWDLZ (Bundeswehrdienstleistungszentrum), 2015: Interne Dokumentation über den Energieverbrauch der UniBw M.

Chaos Computer Club, 2017: Hackerethik. Chaos Computer Club e.V., Hamburg. http://www.ccc.de/de/hackerethik, Zugriff am 26.5.2017.

dbv (Deutscher Bibliotheksverband e.V.), 2016: Informationskompetenz – Kontakte für Schulen: München. http://www.informationskompetenz.de/index.php/regionen/bayern/ kontakte-fuer-schulen-bibliothekslandkarte-bayern/kontakt-fuer-schulen-muenchen/ #ubbw, Zugriff am 18.11.2016.

de Mesnard L, 2007: A critical comment on Oosterhaven–Stelder net multipliers. The Annals of Regional Science 41(2): 249-271.

Dietzenbacher E, Miller R E, 2009: RAS-ing the Transactions Or the Coefficients: It Makes No Difference. Journal of Regional Science 49(3): 555-566.

Dohmen D, 2014: Entwicklung der Betreuungsrelationen an den Hochschulen in Deutschland 2003-2012. FiBS-Forum Vol. 53. Forschungsinstitut für Bildungs- und Sozialökonomie, Berlin.

Dubrikow K-M, Jäckel U, Schmidt-Räntsch A, Eggers H-H, Huth D, 2015: Leitfaden für die nachhaltige Organisation von Veranstaltungen. Bundesministerium für Umwelt, Naturschutz, Bau und Reaktorsicherheit, Berlin und Umweltbundesamt, Dessau-Roßlau.

EMM, 2016a: Der Europäische Metropolregion München e.V., https://www.metropolregion-muenchen.eu/verein-projekte/der-emm-ev/, Zugriff am 25.10.2016

EMM, 2016b: Wirtschaftliche Kernkompetenzen und Cluster. https://www.metropolregion-muenchen.eu/wirtschaftsstandort/wirtschaftliche-kernkompetenzen/, Zugriff am 25.10. 2016.

Flegg A T, Webber C D, Elliott M V, 1995: On the appropriate use of location quotients in generating regional input-output tables. Regional Studies 29(6): 547-561.

Flegg A T, Webber C D, 2000: Regional size, regional specialization and the FLQ formula. Regional Studies 34(6): 563-569.

Fleissner P, 1993: Input-Output-Analyse. Eine Einführung in Theorie und Anwendungen. Springer, Wien.

Gemeinde Neubiberg, 2010: Benutzungs- und Entgeltordnung für die Gemeindebibliothek Neubiberg.

Gemeinde Neubiberg, 2016a: Über Neubiberg. http://www.neubiberg.de/home/ueber-neubiberg/, Zugriff am: 18.10.2016.

Gemeinde Neubiberg, 2016b: „3-W-Strategie". http://www.neubiberg.de/home/ wirtschaft-und-gewerbe/3-w-strategie/, Zugriff am 18.10.2016.

Gemeinde Neubiberg, 2016bc: Vereinsdatenbank. http://www.neubiberg.de/home/ kultur-und-freizeit/vereine-verbaende-und-organisationen/vereinsdatenbank/, Zugriff am 18.10. 2016.

Gemeinde Neubiberg, 2016d: Freiwilligenbörse. http://www.neubiberg.de/home/ kultur-und-freizeit/freiwilliges-engagement/freiwilligenboerse/, Zugriff am 18.10.2016.

Gemeinde Neubiberg, 2017a: Umwelt und Energie. http://www.neubiberg.de/home/umwelt-und-energie/, Zugriff am 23.05.2017.

Gemeinde Neubiberg, 2017b: Fairtrade Gemeinde. www.neubiberg.de/home/ueber-neubiberg/fairtrade-gemeinde/, Zugriff am 25.05.2017.

Gemeinde Neubiberg, 2017c: Energievision. http://www.neubiberg.de/home/umwelt-und-energie/klimaschutz/energievision/, Zugriff am 25.05.2017.

Gemeinde Unterhaching, 2009: Satzung über die Ehrung von Persönlichkeiten II-023/1.

Gemeinde Unterhaching, 2014: Satzung über die Benutzung der Bücherei der Gemeinde Unterhaching.

Gemeinde Unterhaching, 2017: Umwelt. https://www.unterhaching.de/unterhaching/ web.nsf/id/pa_de_umwelt.html, Zugriff am 01.06.2017.

Gemeindebibliothek Ottobrunn, 2015: Benutzungsordnung für die Gemeindebibliothek Ottobrunn.

Geothermie Unterhaching GmbH & Co KG, 2016, Datenblatt: Geothermie Unterhaching (Stand: Juni2016), https://www.geothermie-unterhaching.de/cms/geothermie/ web.nsf/ gfx/ EAD248405DF5B567C125766200357527/$file/Datenblatt%20 Geothermie%20 Unterhaching_2016.pdf, Zugriff am 28.10.2016.

Hagemann H, Christ J P, Erber G, Rukwid R, 2011: Die Bedeutung von Innovationsclustern, sektoralen und regionalen Innovationssystemen zur Stärkung der globalen Wettbewerbsfähigkeit der baden-württembergischen Wirtschaft. Projekt-Endbericht, Stuttgart-Hohenheim.

IKM (Initiativkreis Europäische Metropolregionen in Deutschland), 2016: Hintergrund - Der Ansatz der Europäischen Metropolregionen in Deutschland. http://www.deutsche-metropolregionen.org/ueber-ikm/hintergrund/, Zugriff am 21.10.2016.

Isard W, 1951: Interregional and regional input-output analysis: A model of a space-economy. The Review of Economics and Statistics 33(4): 318-328.

Kern E-M, 2017: Interview mit der Senatsvorsitzenden der Universität der Bundeswehr München, Frau Professor Eva-Maria Kern zur Entstehung des deutschen Cyber-Forschungszentrums.

Kowalski J und Schaffer A J (Hrsg.), 2012: Das Karlsruher Institut für Technologie – Impulsgeber für Karlsruhe und die TechnologieRegion. KIT Scientific Publishing, Karlsruhe.

Kurz H D, Dietzenbacher E, Lager C (Hrsg.), 1998: Input-Output Analysis. Edward Elgar, Aldershot.

Lindberg G, 2010: On the appropriate use of (input-output) coefficients to generate non-survey regional input-output tables: Implications for the determination of output multipliers. Conference Paper 50th Annual European Regional Science Conference, Jönköping.

Niehuss M, 2017: Interview mit der Präsidentin der Universität der Bundeswehr München, Frau Professor Merith Niehuss zur Entstehung des deutschen Cyber-Forschungszentrums.

Nordmann W, 2016: OSM Boundaries Map. https://wambachers-osm.website/boundaries/, Zugriff am 20.09.2016

Oosterhaven J, Stelder D, 2002: Net multipliers avoid exaggerating impacts: With a biregional illustration for the Dutch Transportation sector. Journal of Regional Science 42(3): 533-543.

Pischner R, Stäglin R, 1976: Darstellung des um den Keynes'schen Multiplikator erweiterten offenen statischen Input-Output-Modells. Mitteilungen aus der Arbeitsmarkt- und Berufsforschung 9(3): 345-349.

Rukwid R, Christ J P, 2011: Quantitative Clusteridentifikation auf Ebene der deutschen Stadt- und Landkreise (1999-2008), Stuttgart-Hohenheim.

Statistische Ämter des Bundes und der Länder, 2016a: Bevölkerungsstand: Bevölkerung nach Geschlecht - Stichtag 31.12. - regionale Tiefe: Kreise und krfr. Städte. Statistische Ämter des Bundes und der Länder, Düsseldorf.

Statistische Ämter des Bundes und der Länder, 2016b: Gebietsstand: Gebietsfläche in qkm - Stichtag 31.12. -regionale Ebenen. Statistische Ämter des Bundes und der Länder, Düsseldorf.

Statistische Ämter des Bundes und der Länder, 2016c: Bruttoinlandsprodukt/Bruttowertschöpfung (WZ 2008) - Jahressumme - regionale Tiefe: Kreise und krfr. Städte. Statistische Ämter des Bundes und der Länder, Düsseldorf.

Statistische Ämter des Bundes und der Länder, 2016a: Bevölkerungsstand: Bevölkerung nach Geschlecht - Stichtag 31.12. - regionale Tiefe: Kreise und krfr. Städte. Statistische Ämter des Bundes und der Länder, Düsseldorf.

Statistisches Bundesamt, 2015: Einkommen, Einnahmen und Ausgaben: privater Haushalte, Fachserie 15, Reihe 1. Statistisches Bundesamt, Wiesbaden.

Störmann S, 2015: Ökonomische Bedeutung der Universität der Bundeswehr für die Region Neubiberg, Ottobrunn und Unterhaching, Universität der Bundeswehr, Neubiberg.

Tomho T, 2004: New developments in the use of location quotients to estimate regional input-output coefficients and multipliers. Regional Studies 38(1): 43-54.

TransFair, 2016: Städteverzeichnis. https://www.fairtrade-towns.de/fairtrade-towns/ staedte verzeichnis/, Zugriff am 26.10.2016.

UniBw M (Universität der Bundeswehr München), 2003: Benutzerordnung für das Sportzentrum der Universität der Bundeswehr München (BunOSpoZ). Universität der Bundeswehr München, Neubiberg.

UniBw M (Universität der Bundeswehr München), 2003a: Betriebsordnung für die Universitätsbibliothek der Universität der Bundeswehr München (BOUB). Universität der Bundeswehr München, Neubiberg.

UniBw M (Universität der Bundeswehr München), 2003b: Benutzerordnung für die Universitätsbibliothek der Universität der Bundeswehr München (BunOUB). Universität der Bundeswehr München, Neubiberg.

UniBw M (Universität der Bundeswehr München), 2015: Struktur- und Entwicklungsplan der Universität der Bundeswehr München 2015-2020. Universität der Bundeswehr München, Neubiberg.

UniBw M (Universität der Bundeswehr München), 2016a: Bibliothek im Überblick. https://www.unibw.de/unibib/ubinfo, Zugriff am 04.11.2016.

UniBw M (Universität der Bundeswehr München), 2016b: Schulungen. http://www.unibw.de/unibib/service/schulungen, Zugriff am 04.11.2016.

UniBw M (Universität der Bundeswehr München), 2016c: Willkommen bei der Kinderuni!. https://www.unibw.de/kinderuni/, Zugriff am 16.11.2016.

UniBw M (Universität der Bundeswehr München), 2016d: Größtes Forschungszentrum für Cyber entsteht. Universität der Bundeswehr München, Neubiberg. https://www.unibw. de/willkommen/startseite-meldungen/groesstes-forschungszentrum-fuer-cyber-entsteht, Zugriff am 23.03.2017.

UniBw M (Universität der Bundeswehr München), 2016e: Rahmenbestimmungen für Struktur und Organisation der Universität der Bundeswehr München (RahBest) Dezember 2016. Universität der Bundeswehr München, Neubiberg.

UniBw M (Universität der Bundeswehr München), 2017: Investitionen im Bereich Cyber, geplant. Interne Dokumentation der Zentralen Verwaltung, Dezernat I.2.

The manufacturer's authorised representative in the EU is Springer Nature Customer Service Centre GmbH, Europaplatz 3, 69115 Heidelberg, Germany. If you have any concerns regarding our products, please contact ProductSafety@springernature.com

Printed and bound by CPI Group (UK) Ltd, Croydon, CR0 4YY

25/03/2026

02078175-0012